나를. 돌보는. 게.

서툰. 부모를. 위한.

부모 마음 상담소

부모 마음 상담소

나를. 돌보는. 게.

서툰. 부모를. 위한.

이영민 지음

공명

부모의 행복이 건강한 육아의 시작입니다

부모가 된다는 것은 분명 큰 축복입니다. 하지만 부모가 되기로 결심하는 순간부터 우리는 또 다른 세계와 만나게 되지요. 땅에 씨를 뿌려 키우다 보면 눈 깜짝할 사이에 무성해진 잡초를 보게 되는데, 뿌린 씨앗이 제대로 뿌리를 내리고 튼튼하게 자라려면 끊임없이 주변의 잡초를 뽑아주어야 합니다. 아이를 키우는 일도 다르지 않지요. 저는 아이의 성장을 해치는 여러 잡초 중 부모가 가진 양육에 대한 두려움이나 부담에 주목해 왔습니다. 자녀를 건강하게 키워내는 것 못지않게 부모의 마음속 어려움을 보살펴야 하거든요. 그렇지 않으면 자녀 양육의 바탕이 되어야 할 부모의 마음도 잡초투성이 황폐한 땅이 되고 말 테니까요.

부모가 되는 데는 자격증이나 교육과정이 따로 없습니다. 우리는 첫아이를 만나면서 부모가 되지요. 그래서 기대도 크지만, 한편으로는 그 시작을 두려워하는 분도 많습니다. 어느 부모도 완벽한 계획과 지도를 가지고 자녀 양육의 길을 시작하지 않습니다. 그건 불가능할 뿐만 아니라 실존하지도 않아요. 그래서 아이를 낳는 순간부터 부모라 불리지만, 진정 건강하고 행복한 부모가 되는 건 저절로 되지 않는답니다. 또한 자식 키우는 것을 자신의 본능대로 하면 된다는 생각도 교만한 마음입니다.

다들 잘 해내는데 왜 나만 이렇게 힘들고 어려울까, 하고 자신을 비난하고 자책하는 부모를 만날 때면 저는 항상 이렇게 말하곤 합니다. "그럴 때도 있음을 인정해 주세요." 자녀를 키우는 과정에서 만나는 여러 가지 문제를 해결해 나가는 것도 쉽지 않지만, 때로는 자녀 양육의 과정 중에 찾아오는 낯선 감정으로 인해 힘들고 버거워지는 순간은 누구에게나 찾아올 수 있음을 받아들이면 됩니다. 다만 힘든 마음은 전염이 됩니다. 그늘진 부모의 낯빛도 자녀에게 전달되고요. 이것이 우리가 부모의 마음 상태를 살피고, 어려움을 인식하고, 해결해 나가야 하는 이유입니다. 자녀를 행복한 아이로 키우고 싶다면 더욱 부모의 행복이 우선이고, 이를 위해 무엇을 해야 하는지 찾아야 합니다. 삼시세끼를 통해 몸의 건강을 챙기듯 마음의 건강을 챙기는, 규칙적으로 부모의 마음을 살펴보는 시간이 필요합니다.

부모라는 역할이 가장 괴롭다고 말하는 이들, 그래서 스스로를 방치하는 이들을 만나면서 그들의 어려움을 줄여주고 싶은 마음이 간절했습니다. 부모의 건강하고 행복한 마음이야말로 자녀가 행복할 수 있는 기본 조건이니까요. 그래서 그들과 제가 한 일은 양육 방법이나 태도가 잘못되었나 살피는 것이 아니라, 우선 자신의 마음을 먼저 들여다보도록 이끄는 것이었습니다.

자녀의 문제가 모두 부모 탓은 아닙니다. 어쩔 수 없이 생긴 문제도 있습니다. 그러니 부모의 역할이 부족했다고 자책하지 마세요. 삶의 과제는 누구에게나 같습니다. 그것을 어떻게 바라보고 대할 것인가는 결국 개인의 선택이고 결정입니다. 자녀를 양육하는 시간이 힘겹다고 느낀다면, 우선 그 어려움이 현실적으로 존재하는 상황인지, 아니면 내가 지나치게 그렇게 느끼는지를 먼저 구별해야 합니다. 이 책에서는 부모의 마음을 들여다보고, 어려움을 극복해 가는 과정을 함께 걸어가 보려고 합니다. 나아가 부모다움은 무엇이고, 부모의 역할은 무엇인지에 대해서도 함께 생각해 보고자 합니다. 이 글에 담긴 사례는 '비밀 유지'라는 상담 윤리에 어긋나지 않도록 특정 사례가 아닌 공통적인 모습을 중심으로 내용을 각색했습니다. 내 이야기처럼 공감할 수 있고, 또 자신의 상황에 비추어 반추해 볼 수 있을 것입니다.

부모 자신은 행복하지 않지만 자녀는 행복하기를 바라는 것이 부모 마음이지요. 하지만 부모가 행복하지 않으면 자녀도 행복할 수 없습니다. 부모의 마음이 지치고 힘들지 않는 것, 자녀와 함께하는 시간이 편안하고 행복한 것이 건강한 자녀 양육의 시작입니다.

• 차례 •

첫 번째 시간

부모 마음, 그 감정을 바르게 해석하기

두 번째 시간

자존감 키우기: 내가 있고, 자녀가 있는 것

세 번째 시간

부모 마음의 속사람 회복하기

네 번째 시간

나를 둘러싼 관계 다시 만들기

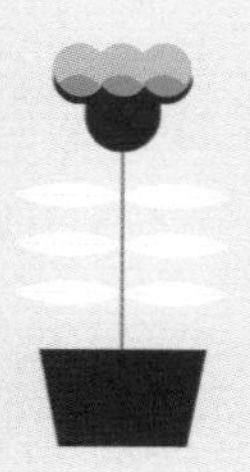

다섯 번째 시간

부모다운 모습 준비하기

여섯 번째 시간

부모 효능감 기르기

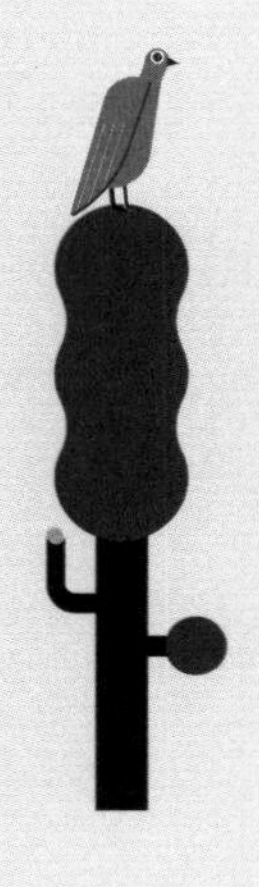

SOLUTION

부모 마음을 흔드는 고민들

마치며

부록

마음 들여다보기

부모 마음이 병들어간다

1

아이를 키우는 일이 이렇게 힘들 줄이야

자녀와의 시간은 분명 행복하지만 동시에 힘겨운 것도 사실이죠. 자녀를 키우면서 "항상 괜찮아"라고 쉽게 말할 수 있는 부모가 몇이나 될까요. 또 자녀를 키우는 일이 어떠한지 미리 알게 된다면 흔쾌히 부모가 되는 이는 얼마나 되겠어요. 아마도 우리는 잘 몰랐기에 아이를 낳고 키우는 이 엄청난 일을 시작하게 되지 않았나 싶습니다.

부모에게 혹은 자녀에게 문제가 있다며 상담실을 찾아오는 이들을 살펴보니 크게 세 가지 이유가 보였습니다. 첫째는 '부모의 문제'이고, 두 번째는 '자녀의 문제', 그리고 마지막이 '부모 자녀 관계의 문제'였어요.

첫째, 부모의 문제는 자녀 양육에서 생각지 못한 어려움을 맞닥뜨리는 경우입니다. 부모가 되기를 간절히 바라며 10개월을 기다린 끝에 아이를 품에 안았지만 무엇이 불편해서 우는지 알 수가 없는 아이를 만나면서 괴로움은 시작되죠. 쉽게 울음을 그치지 않고 보채는 아이와 씨름하면서 정신적으로도, 신체적으로도 지쳐갑니다. 외부 세계와는 단절되어 아이와의 시간에 함몰된 채 지내는 일상이 무기력을 낳기도 합니다. 육아 휴직을 시작한 아빠도 비슷한 경험을 한다고 해요.

흔히 '독박 육아'는 거친 풍파에 홀로 항해하는 배와 비슷합니다. 이때 높은 파도의 위협을 헤치고 나아가는 배도 있지만, 난파되거나 부서져버리는 배도 있어요. 독박 육아를 하는 부모가 겪는 심리적인 소진은 양육자를 점점 피폐하게 만들고, 나아가 아무도 도와주지 않는 상황에 대한 원망과 분노가 쌓이게 합니다. 거기에 자녀가 양육자의 기대만큼 자라주지 않거나 생각지 않은 문제를 보이면 큰 좌절감을 느끼고, '내가 뭘 잘못해서 아이가 이렇게 힘들게 하나' 하고 원망스럽기도 하죠. 부모가 되었다는 기쁨도 잠시, 산후우울증을 겪거나 잦은 부부 싸움이 이어지는 것은 이 때문입니다.

자녀가 성장해도 아이의 마음을 도무지 알 수 없어서 쩔쩔매거나 아이에게 끌려다니는 부모도 있습니다. 아니면 자녀와의 소통을 아예 고려하지 않고 일방적으로 부모의 생각을 강요하며 강압적인 태도로 자녀를 대하는 부모도 있지요. 이러한 부모는 자녀를 사랑하지만 그 마음과는 다르게 자녀가 원하는 사랑을 하기 힘든, 혹은 자녀 사랑법을 모르는 부모입니다. 자녀 사랑법을 모르는 다양한 이유는 부모의 내면에 존재합니다. 부모가 자신의 내면을 들여다봐야 하는 이유죠. 부모의 내면에 살고 있는 '나'는 어떤 모습인지, 왜 이런 모습이 되었는지 알지 못하면 자녀를 위한 사랑이 아닌 부모 자신이 원하는 사랑을 줄 수밖에 없습니다.

둘째, 자녀의 문제로 인해 부모 역할이 힘든 경우는 발달 단계상 발생하는 문제뿐만 아니라 자녀에게 기질적인 문제가 있으면 더 힘들 수밖에 없습니다. 문제 정도에 따라 부모가 감당해야 하는 어려움도 다르죠. 예를 들어, 언어 발달이 늦거나 지체되어 의사소통이 되지 않으면 아이도 힘들어 문제 행동을 보이기도 합니다. 이런 경우 단체 생활에서 갈등을 만들기도 해서 부모는 점점 외부 접촉을 꺼리게 되죠.

항상 부모가 함께해야 하는 상황, 즉 부모 개인의 시간을 가질 수 없는 상황이 계속되면 자녀의 문제가 심화될수록 엄청난 스트레스를 경험하게 됩니다. 따라서 부모를 힘들게 하는 원인이 자녀의 문제라면, 정말 자녀의 문제가 맞는지 객관적인 평가를 통해 알아보고 도움을 받는 구체적인 방법을 찾아야 합니다.

마지막으로 부모와 자녀 사이의 문제가 있습니다. 이 경우는 누구의 문제라기보다 '관계'의 문제죠. 누가 옳고 그른 것을 떠나 관계의 합이 조화를 이루지 못해서 생기는 어려움입니다. 부모와 자녀의 성향이 달라서 좋다는 부모도 있지만, 서로 달라서 힘든 경우도 많아요. 부모는 꼼꼼한 성격인데 자녀는 덜렁대며 늘 부모가 챙겨야 한다면 갈등이 생기죠. 반대로 매사 까탈스럽고 자기 성에 차지 않으면 불만을 쏟아내며 부모를 괴롭히는 자녀도 있어요.

이처럼 자녀를 키우는 과정에는 여러 가지 어려움이 존재합니다. 이 시간은 대부분의 부모에게 힘이 듭니다. 중요한 것은 여기서 주저앉는 것이 아니라 다시 일어설 수 있는 부모가 되어야 한다는 점입니다. 또 자녀를 키우며 만나게 되는 여러 가지 문제는 우리 힘으로는 어쩔 수 없는 것이 더 많아요. 그래서 먼저 부모가 맞닥뜨린 문제를 이해하고, 이것이 자녀와의 관계에 어떠한 영향을 주는지 아는 것부터 시작해야 합니다. 그러고 난 후 바르게 돕는 방법을 찾아야 합니다.

상담실을 방문하는 부모는 대부분 자녀의 문제만 해결하고 싶어 합니다. 물론 자녀의 문제를 방치하는 것보다는 훨씬 낫지만, 그것은 반쪽짜리 해결책일 뿐입니다. 잘못 끼운 단추를 바르게 다시 잠그기 위해서는 첫 단추부터 다시 끼워야 하는 것처럼, 힘들어도 부모 자신을 먼저 살피고 문제를 점검해 가는 태도가 중요합니다. 자녀를 키우는 것이 생각만큼 쉽지 않지만, 세상의 많은 부모들이 해내듯 당신도 헤쳐나갈 방안을 찾게 될 것입니다. 그 시작은 부모의 마음을 아는 것부터고요!

2

나도 모르는 내 감정이 문제라고?

가정법원에서 협의이혼 가정을 위한 집단 교육과 상담을 진행해 온 지도 여러 해인데, 미성년 자녀를 둔 부모는 필수적으로 '자녀양육 안내'라는 부모 교육을 받아야 합니다. 지역에 따라 의무적으로 또는 원하는 경우 몇 회기의 상담을 진행하기도 합니다. 협의이혼은 진지하게 오랜 시간 고민해서 이혼을 결정하는 경우도 있지만, 배우자에게 유책이 생겨서 화가 난 마음에 성급하게 이혼을 진행하는 경우도 있기에 상담과 교육은 필요합니다.

한 내담자는 자신의 결혼 생활이 힘든 원인은 남편이 자녀 양육과 가정생활에 소홀했기 때문이라고 철석같이 믿었습니다. 그래서 남편에게 많은 원망과 미움을 갖고 사느니 내 마음이라도 편해져야겠다고 생각해 협의이혼 서류를 내밀었죠. 그런데 이날 이후 남편은 태도를 바꾸어 노력하는 모습을 보였고, 내담자인 아내의 마음이 일순간 풀어져서 이혼 생각을 멈추었죠. 그런데 남편이 잘해주면서부터 이전에 느끼지 못했던 감정을 경험하게 되어 상담을 신청했습니다.

남편의 태도가 힘든 결혼 생활의 원인이라고 생각했는데, 자신이 힘들었던 건 남편이 아닌 자녀를 키우는 것이었음을 알게 된 거죠. 자녀가 자신의 말을 따르지 않거나 말썽을 부리면 화가 나고, 이러한 상황을 방관하는 듯한 남편에게 시비를 걸며 싸우는 일이 많았다는 것을 최근에 알게 되었습니다. 그러면서 '왜 나는 아이를 키우는 일이 힘들까' 고민하다 보니 자신의 부모가 원하는 것을 들어주지 않았던 모습이 떠오르면서 분노와 불편한 마음이 올라와 상담을 신청한 것입니다. 이 내담자는 힘든 결혼 생활의 원인을 남편 등 외부 사람 때문이라고 여겼는데, 사실은 자신에게 그 원인이 있음을 인정하며 '자신의 삶 되돌아보기'를 시작하였습니다.

자녀 앞에서 이성을 잃는 자신을 보면서 문제가 있다고 생각되어 상담실을 찾는 부모도 많습니다. 누가 먼저 잘못된 것인지 모르겠다며 어디서부터 풀어가야 할지 어려워합니다. 그런 시간이 오래 지속되면 부모는 자괴감도 들죠. 기쁨이 될 줄 알았던 자녀와의 시간이 고통스러워 속상하기도 합니다. 자연스럽게 배우자와의 관계도 어려워지는 경우가 많습니다.

이처럼 배우자와 자녀에게 쉽게 화가 나는 원인을 천천히 찾아가다 보면 마음속 깊이 숨겨진 원가족과의 관계에서 입은 상처와 맞닿게 됩니다. 어린 시절 오빠만 예뻐했던 기억이나 동생과 늘 비교되었던 기억, 늘 다투었던 부모에 대한 기억, 부재 중이었던 부모를 대신했던 기억 등 결핍의 늪에서 계속 허우적거리는 자신을 발견하게 되죠. 자녀를 키우면서 힘든 순간 배우자와 함께 짐을 나누어보려 했으나 여전히 혼자 감당하는 기분이 들면 화가 나며 억울한 마음이 터져버립니다. 또는 사이가 좋지 않았던 부모를 보며 '나는 잘 살아야지' 하고 다짐했는데, 꿈꾸었던 결혼 생활이 아니라고 여겨지면 불안해서 자꾸 가족에게 화가 납니다. 또 내 자녀를 키우는 일조차 원가족 부모의 평가를 받아야 하는 상황이라면 인정받지 못할까 봐 전전긍긍하며 자녀를 닦달하기도 하죠.

원가족 부모와의 관계에서 욕구를 다 충족하고 성장하는 사람은 손에 꼽습니다. 매우 이상적인 상황이라는 거죠. 부모는 자녀를 잘 키우려 하지만 자녀는 보이지 않은 상처를 가질 수밖에 없다는 겁니다. 따라서 현명한 방법은 그런 상처가 없기를 바라기보다는 나는 어떤 상처를 받았고, 이를 어떻게 극복하며 나의 가정을 이루고 있는지를 아는 것입니다. 정서적인 상처는 제대로 이해받아야 합니다. 이는 상처를 곱씹으면서 원망하라는 것이 아니라, 충분히 화를 드러내고 아파하는 자신을 수용하는 일이 우선 필요합니다(자기 수용하기). 이 과정이 있어야 다음 관계의 문제를 제대로 해결해 갈 수 있어요(관계 객관화하기). 그런 다음에야 원가족 부모의 마음도 헤아릴 수 있는 진정한 여유도 생기고요(공감하기). 또 내가 받은 상처를 알아야 나도 자녀에게 줄 수 있는 상처를 예방할 수 있습니다(대처하기). 그렇지 않으면 원가족 부모를 원망했던 그 방법대로 내 자녀에게 상처를 주게 됩니다.

관계의 문제는 부모-자녀 관계에서 시작됩니다. 부모-자녀 관계가 안정적으로 분화되면 자신의 자율성을 발휘하면서 부모의 권위를 인정하고 조화를 이루는 관계가 됩니다. 즉, 부모의 간섭과 기대가 자신의 자율성을 방해하거나 억압하는 것으로만 여겨지지 않고, 자신의 성장과 발전을 위한 조언이라고 생각합니다. 그렇게 되면 자기다움을 유지하면서 부모의 요구를 받아들일 수 있죠.

하지만 미분화된 자녀는 부모와 자신을 하나로 여깁니다. 부모가 원하는 것을 해야 한다고 생각하고, 자신의 생각보다 부모의 의견을 더 존중하며 무비판적이고 수용적인 태도를 보입니다. 부모가 인정하는 선 안에서 생활하려고 하죠. 이런 사람은 스스로 결정하는 자율성을 발휘하기보다 누군가의 인정과 허락이 중요합니다. 자신보다 남을 더 믿고, 의존적인 사람이 됩니다.

반면 과분화된 자녀는 반대 모습을 보입니다. 자신의 생각이나 행동에 대해 부모가 제한하는 경험이 없는 자녀는 자기 생각만 옳고 중요하다고 여깁니다. 그래서 자기 뜻대로 되지 않는 것을 못 견디고, 자기가 알아서 하겠다며 고집스런 행동을 합니다. 이런 사람은 타인과의 관계에서도 남은 없고 자신만 있죠.

자신의 가계도를 한번 그려보세요. 나와 심리적으로 가깝고 먼 관계를 선으로 표현해 보는 겁니다(그냥 선은 보통 관계, 굵은 선은 밀접 관계, 점선은 소원한 관계, 지그재그 선은 갈등 관계, 끊어진 선은 단절된 관계). 그러면 자신의 관계가 객관적으로 보일 것입니다.

그리고 가족의 관계가 나와 관계 맺는 사람들에게 어떻게 영향을 주는지 생각해 봅시다. 나와 타인과의 관계도가 보일 것입니다. 가까운 부모와 비슷한 성향의 타인은 비교적 편하게 사귈 것이고, 불편한 부모와 비슷한 성향의 사람은 나도 모르게 피하거나 관계 맺기가 힘들 수 있어요.

나의 어릴 적 관계 속에서 새겨진 상처는 비슷한 관계를 만나면 반복해서 표면으로 떠오릅니다. 그런 표면 중 하나가 남편과 자녀가 됩니다. 이들을 보면서 왠지 모를 불편함이 자꾸 올라온다면, 또 자녀와의 관계가 생각만큼 쉽지 않다면 원가족 부모가 알게 모르게 준 관계 외상이 내 안에 없는지 살펴보세요. 다행스러운 건 외상은 늘 상처만 주지 않는다는 겁니다. '외상 후 스트레스'가 될 것인지, '외상 후 성장'으로 이끌지는 외상에 대한 태도에 달려 있어요. 이를 위해서는 내 안의 과거 상처가 현재 삶에 주는 영향을 알아차리는 것이 필요합니다. 그래야 자신도 모르는 감정에 휘둘려 사는 것을 줄여갈 수 있습니다. 더불어 나에 대한 깨달음도 얻을 수 있고요.

3

남의 편인 남편?

결혼을 선택하는 이유는 사랑하는 사람과 함께하고픈 마음 때문이죠. 사랑하는 배우자와 함께하면서 심리적 안정감을 얻고, 또 앞으로의 세대를 이어가며 함께 성장하는 것을 꿈꾸는 것이 결혼이죠. 그런데 막상 결혼해 보니 기대와는 다른 결혼 생활에 많은 이들이 당황합니다. 함께 있어도 채워지지 않는 외로움은 자꾸 커져가고, 챙겨야 하는 아이나 가족이 늘면서 쫓기듯 살아가는 일상만 이어지면 시쳇말로 결혼 생활에 대한 '현타'가 옵니다. 그러한 상황에서 그 누구보다 힘이 되어줄 줄 알았던 배우자가 조금이라도 섭섭하게 대하면 원망만 늘어갑니다.

새로운 인생에 대한 기대가 큰 사람일수록 배우자와의 갈등에 더 깊은 상처를 받습니다. 그런데 부부 간 갈등은 누군가의 잘못이라기보다는 남녀의 차이로 인한 성향에 대한 이해 부족과 대화법이 달라서 오는 경우가 많습니다. 남편은 자신의 실수나 잘못을 선뜻 인정하지 못하고 먼저 사과하기 어려워합니다. 반면 아내는 어떠한 경우에도 남편으로부터 지지받고 자신을 이해해 주기를 바라죠. 그런데 그것이 참 쉽지 않습니다. 부부라면 말하지 않아도 내 마음 정도는 알아줘야 한다고 생각하는 사람들이 많거든요. 부부 간 갈등의 내용은 다양한데, 문제해결의 핵심은 존중받기를 원하는 남편과 사랑받기를 원하는 아내가 서로를 인정하고 이해하는 데 있습니다.

그럼 부모의 갈등을 보면서 자녀는 어떨까요? 부모가 다투는 모습이나 거친 말과 행동은 자녀의 뇌에 새겨집니다. 얼굴만 마주하면 으르렁거리는 부모의 모습을 보면서 또 싸우면 어쩌나 늘 긴장합니다. 서로를 향한 비난을 들으며 부모에 대한 생각이 그대로 흡수되고요. 때로는 엄마가 아빠를 향해 내뱉는 잔소리나 행동을 보고 자녀도 아빠를 함께 무시하거나, 엄마와 편먹고 아빠를 따돌리기도 합니다. 아빠가 엄마를 폭력적으로 대하면 때리는 아빠를 미워하면서도 자녀도 엄마에게 함부로 행동하는 경우도 보았어요. 또 어떤 자녀는 부모가 '너 때문에 매번 싸운다'는 메시지를 주어 자녀 스스로 '나는 갈등을 일으키는 존재'라고 생각해 자신을 무가치하게 느끼기도 합니다.

부모가 드러나게 싸우지 않는다 하여 자녀가 모르는 것도 아닙니다. 자녀도 당연히 집안에 흐르는 냉담한 분위기를 느끼고 불안해합니다. 그래서 갈등을 원하지 않는 자녀는 중재자 역할을 하기도 하죠. 하지만 이것도 한두 번이고, 점차 자신도 부모처럼 모르는 척하는 회피 반응을 배우며 서로 아무 일 없다는 듯 표면적인 일상을 살아가게 됩니다. 드러나는 문제가 없으니 잘 사는 것이라는 합리화로 마음이 느끼는 것을 무시하는 것입니다.

성인의 문제는 대부분 당사자의 문제로 끝나는 데 비해 자녀가 있는 부부의 갈등은 둘만의 문제로 끝나지 않습니다. 부모의 모습은 자녀에게 인간관계의 가장 기본적인 교과서이기 때문이죠. 물론 살면서 부부 간 갈등이 없을 수는 없습니다. 중요한 것은 부부간 갈등이 아니라 그것을 표현하고 해결하는 방식입니다. 부모가 건강하게 갈등을 해결해 나가는 모습을 보여주면 자녀 역시 인간관계의 갈등을 현명하게 해결하고 극복해 가는 방법을 배울 수 있습니다.

간혹 배우자와 불화를 겪으면서도 자식 때문에 산다고 말하는 이들이 있어요. 그 모습이 진정 자녀에게 도움이 될까요? 자녀를 위해 산다는 그 말 뒤에 숨은 당신의 진짜 욕구는 무엇인지 냉철하게 자신을 들여다보지 않으면, 자녀가 더 이상 부모의 말을 따르지 않을 때 '너 때문에 참고 살았는데 어찌 이럴 수 있냐'며 되려 자녀 탓을 하는 경우도 생길 수 있습니다. 누구 때문이 아닌, 나 자신이 부부의 삶을 선택하는 진짜 욕구를 스스로 답할 수 있어야 합니다.

4

일도 가정도 엉망진창이야!

상담실에서 많은 사람들을 만나다 보면 행복한 가정을 꾸리는 것이 생각보다 쉽지 않다는 걸 느낍니다. 그래도 둘이었을 땐 스트레스를 풀 수 있는 시간이나 둘만의 활동을 만들 수 있었지만 자녀가 생기면 그런 시간이 부쩍 줄어들죠. 여기에 둘째 양육까지 이어지면 부모의 삶만 있는 느낌이라고 이야기합니다. 온종일 집에서 아이를 돌보는 부모라면 더욱 자신을 살피는 것은 생각조차 하기 어렵습니다. 특히 어린 자녀가 있는 경우에는 밖에서 일을 하고 있더라도 완전히 업무에만 집중할 수가 없죠. 일을 끝내고 들어오는 순간부터는 낮 시간 함께하지 못한 부분까지 신경 쓰다 보면 지쳐 쓰러져 자기 바뻐다고들 합니다.

그렇게 시간이 지나고 어느 순간 거울에 비친 자신의 모습은 쳐다보기도 싫을 만큼 볼품없이 변해 있어 속상합니다. 여전히 자신의 커리어를 키워가고 있는 친구를 보면 왜 나는 이렇게 허덕이면서 살고 있을까 회의감도 듭니다. 그래서 동변상련을 느낄 수 있는 동네 엄마들의 수다가 그나마 위로가 될 때가 있죠. 하지만 이것도 잠시, 각자 가정환경이 다르다 보니 느끼게 되는 상대적인 빈곤감은 또 다른 스트레스가 되기도 합니다. 여기에 아이들끼리 성향이 달라서 다투기라도 하면 편하게 마음을 나누며 위로가 될 줄 알았던 엄마들과의 관계도 결코 쉽지 않다고 느끼기도 합니다.

시댁과 친정의 간섭이 많고 매주 만나야 하는 관계도 힘겹습니다. 경제적 형편이 좋은 시댁과 친정의 지원은 감사하고 달콤하지만 그만큼 신경 쓸 일도 많죠. 그래도 도움이라도 받으면서 신경 쓰는 게 낫지, 해달라는 것이 많은 양가 부모님의 요구에 심적인 고통을 호소하는 이들도 많습니다.

이렇듯 친구, 직장이나 이웃, 양가 부모님과의 관계에서 오는 여러 가지 문제는 결혼 생활이 가져오는 별도의 스트레스 요인입니다. 여기에 배우자와도 문제가 생기면 마음 의지할 곳 하나 없어 힘겹기만 합니다. 내 삶이 왜 이렇게까지 엉망진창이 되었을까 괴롭지만 근본적 해결이 쉽지 않으니 그때그때 고통을 잊을 수 있는 방법을 찾게 되는 경우가 있어요. 온라인 쇼핑 중독에 빠지고, 술에 의지하거나 게임 중독에 빠지는 모습이 그 한 예입니다. 하지만 이러한 것들로도 해결은 되지 않고 마음까지 굳어져 가면서 아무것도 하기 싫다는 생각이 밀려오면 무기력의 늪에 빠지는 것입니다.

이것이 결혼 생활에서 만나게 되는 슬럼프로 번아웃(burn-out) 증상이 나타납니다. 한스 셀리에(Hans Selye)는 스트레스에 반응하는 단계를 경고－저항－소진의 단계로 설명하였습니다. 경고는 정신적·육체적 위험에 처음 노출되었을 때 나타나는 즉각적인 반응 단계입니다. 이런 시간이 길어지면 스트레스를 견뎌내는 저항이 오고, 스트레스에 장시간 노출되면 소진 단계가 되어 적응 에너지가 바닥나는 상황이 됩니다.

번아웃 증상이 생기면 숟가락 들 힘도 없을 만큼 모든 것이 버겁습니다. 책임져야 할 모든 일에 짓눌린 듯 부담감에 숨이 막히고, '어떻게 잘 해결할까'가 아니라 '어떻게 도망갈까'만 떠오릅니다. 이는 당신에게 쉼이 강력히 필요하다는 내면에서 보내는 시그널입니다. 이를 무시하면 우울이나 불안, 분노, 특히 우리나라 사람들이 잘 걸리는 화병이 생깁니다.

몸의 건강 못지않게 마음의 건강 신호를 무시하면 마음도 큰 병에 걸릴 수밖에 없습니다. 결혼 생활 중에 다가오는 수많은 과제가 가져오는 마음의 병. 나는 결코 생기지 않을 거라고 장담할 수는 없어요. 부모로서 가장 힘든 점은 이러한 마음의 병이 내게서 끝나지 않는다는 점입니다. 부모가 건강한 마음을 보여주지 않으면 자녀 역시 마음을 건강하게 키워가는 법을 배울 수 없습니다. 무엇보다 부모이기 이전에 '나'라는 인격체를 다시 살리는 것이 중요합니다. 이는 자녀가, 가정이 결코 대신해 줄 수 없답니다. 지금 지쳐 있다고 판단된다면 당신을 살릴 방법을 찾으세요. 신체의 건강 못지않게 정신의 건강 검진도 꼭 필요합니다.

첫 번째 시간

부모 마음,
그 감정을
바르게 해석하기

1

내가 과연 잘 키워낼 수 있을까

불안과 두려움

상담실 문을 두드리는 마음은 그리 간단하지 않습니다. 잠깐 들려볼까 하며 가볍게 들어서는 경우는 거의 없지요. 대부분 상담을 꼭 받아야 하는 긴박한 사정이 있어요. 부부 관계든, 자녀와의 문제든, 직장에서의 갈등이든 자신을 힘들게 하는 느낌이 자주 밀려와 일상이 힘겨워지면 상담실을 찾게 됩니다.

상담을 통해 도움을 받는 부분은 '마음'인데, 마음이 느끼는 감정과 마음을 이끄는 생각, 그리고 이후의 행동을 상황에 맞게 적절히 할 수 있도록 돕는 것이죠. 그 첫 번째 단계인 이른바 '감정을 바르게 해석하기'는 지금 느끼는 감정을 없애려 하지 말고 수용하고 이해해서 방향을 바르게 설정해 가는 과정입니다. 상담실을 찾는 내담자의 상처나 어려움을 감정의 언어를 통해 살펴보고 보살펴야 하는 이유이기도 합니다.

특별히 문제가 두드러지는 건 아니어도 자녀에게 뭔가 좋지 않은 상황이나 행동이 나타나면 막연한 불안에 휩싸이는 부모가 있습니다. 부모가 걱정하는 문제를 자세히 들어보면 진짜 문제가 되는 내용도 있지만, 아이 발달상 나타날 수 있는 변화를 문제로 인식하는 경우도 많아요. 그래서 자녀의 문제인지, 아니면 부모의 문제인지 구별해야 합니다. 부모가 자녀의 발달 과정을 예측하기 힘들고, 시시때때로 변화하는 모습에 막연한 불안감을 느낄 수도 있거든요. 둘째보다 첫째를 키울 때, 또는 성별이 다른 자녀를 키우게 될 때 더욱 그런 모습이 나타나지요.

잘 먹고 잘 자지 않아서 자녀의 키가 안 자라면 어쩌나, 공부를 좀 게을리하는데 저러다 나중에 자기 구실도 못하는 사람이 되면 어쩌나, 간혹 부모에게 함부로 행동하는데 밖에 나가서도 똑같은 행동을 하는 문제아가 되면 어쩌나 등 부모가 걱정하는 지점과 불안을 느끼는 강도는 다양합니다. 물론 부모가 걱정하는 것이 이해가 되는 힘겨운 아이들도 있지요. 잘 지내다가도 갑자기 기분이 변하는 아이가 대표적인데, 이렇게 저렇게 달래보아도 쉽게 진정이 되지 않는 아이를 보면 부모로서 제대로 훈육하지 못해 자녀를 망치고 있는 건 아닌지 불안해지죠.

흔히 불안은 뭔가 잘못되고 있다는, 즉 문제가 생겼음을 알려주는 감정입니다. 불안은 불편한 마음과 생각을 통해 행동하게 이끄는데, 뇌에서 주는 위험 신호를 해결하려고 노력하는 태도를 만드는 것도 불안입니다. 그래서 적정 불안이 있는 자녀는 공부를 열심히 합니다. 하지만 불안이 너무 많으면 오히려 불안감에 휩싸여 공부가 힘들어지고, 불안이 너무 적으면 근자감(근거 없는 자신감)을 갖게 됩니다. 이처럼 불안은 빠르게 변화하는 세상을 살아가는 현대인이 잘 적응할 수 있도록 끊임없이 신호를 보내는 친구 같은 감정이라고 할 수 있지요. 그래서 불안을 무조건 부정적으로만 볼 필요는 없습니다.

불안을 느끼는 사람은 두려움도 쉽게 느끼는데, 불안과 두려움은 똑같은 감정은 아닙니다. 불안이 예측할 수 없는 막연한 대상에 대한 감정이라면, 두려움은 비교적 정확한 대상이 존재합니다. 두려운 대상이나 상황을 대부분 명확히 말할 수 있지요. 쉽게 두려워하는 성향의 부모는 자녀가 심리적으로나 육체적으로 다칠까 봐 눈앞의 위험을 제거해 주거나 해결하려 합니다. 그래서 과잉보호를 하는 부모는 두려움을 쉽게 느낍니다. 특히 외부 세계에 대해 두려움이 많아서 자신이 자녀를 보살펴야 안전하다고 믿죠. 과잉보호의 늪에 빠진 부모의 경우 숨겨진 외상 후 스트레스가 있을 수 있습니다. 기억하든 못하든 어린 시절의 상처로 인해 남들보다 쉽게 겁을 내고, 이것이 자녀 양육에도 투영되어 내 아이도 무서울 거라는 생각을 하는 거죠. 그래서 자녀에게 위험한 상황이라고 여겨지면 막아주려고 과잉보호적인 행동을 합니다.

많은 이들이 불안이나 두려움을 문제 감정으로 생각합니다. 이 감정이 불쾌한 기분을 주기에 없애려 하거나 회피하려고 하죠. 하지만 감정은 잘못된 게 없습니다. 앞서 말했듯 불안은 유비무환(有備無患)의 태도를 길러주고, 두려움은 위험을 벗어나 자기보호(自己保護) 행동으로 이끌어주니까요.

또 감정을 무시해서는 안 되는 이유는 감정은 끊임없이 나의 '속사람'의 상태, 즉 내면의 상태를 말해주기 때문입니다. 우리는 항상 '겉사람'으로만 존재하지 않습니다. 겉으로는 아무런 감정 표현이 없다고 그 사람의 감정이 없는 것이 아닙니다. 그렇게 가리고 느끼지 못하게 된 과거의 다른 사연이 있을 뿐이죠. 따라서 감정이 느껴지지 않거나, 혹은 불쾌한 감정이 쉽게 드러나는 것은 '내면의 나', 즉 속사람을 살피라는 신호입니다. 감정에 무감각해질 정도로 내가 방치되고 있으니 살려달라고 속사람이 외치는 비명이기도 하고요.

우선 불안과 두려움을 불러일으키는 신체적인 긴장부터 자연스럽게 받아들이는 훈련이 필요합니다. 신체적인 긴장은 몸으로 오는 감정 신호이기 때문에, 인식하지 못한 내면의 불안이나 두려움은 무엇이 있는지 점검하는 태도를 갖게 합니다. 예를 들어, 자녀를 돌보면서 반복되는 두통이나 복통 등을 호소하는 부모가 있는데, 이를 단순히 신체적인 증상으로 여겨 약으로만 잠재우려 하지 말고, 어떤 힘든 마음이 내 몸에 이런 신호를 보내는지 자신의 마음에 귀를 기울여야 합니다.

2

내 편은 아무도 없다?

외로움과 소외감

결혼 생활과 자녀를 키우면서 생기는 어려움을 다른 사람에게 말하기는 참 쉽지 않죠. 우리나라 사람들은 특히나 타인의 시선을 신경 쓰기에 더욱 그러합니다. 학업에 적극적인 아이의 진로에 대한 고민 좀 털어놓으려니 자식 자랑으로 비춰질까 걱정하고, 그렇다고 힘든 부분을 말하면 나를 우습게 여기면 어쩌나 싶어 속내를 쉽게 드러내는 게 힘겹습니다. 심지어 상담실에 와서도 상담자에게 좋은 모습을 보이려 하고, 실제 자신이 겪고 있는 내면의 고통이나 실체를 드러내 알리기까지 시간이 걸리는 분도 꽤 있습니다. 그러면서 입버릇처럼 하는 말은 아무에게도 답답한 마음을 털어놓을 수 없어서 간단한 수다는 떨지만 자신의 진짜 어려움이나 힘든 이야기는 잘 하지 않는다고 합니다.

아이와 씨름하다 보면 불현듯 혼자 감당하는 것이 지치고 힘겹다고 느껴지면서 명치 끝까지 갑갑함이 차오르는 순간을 부모라면 다 겪어보았을 거예요. '힘들 때 나는 언제나 혼자구나' 싶어 울적함에 빠지기도 하는데, 이때 수면 아래에 숨겨진 감정은 '외로움'입니다. 외로움은 사연이 깊어 말하기 힘들거나, 그 누구와도 나눌 수 없는 문제가 있을 때만 나타나는 감정은 아니에요. 흔히 우리는 자신을 진정으로 아껴주고 이해해 주는 대상이 하나도 없다고 생각될 때 외로움을 느낍니다. 스스로도 잘 살고 있다고 생각되는 순간에도 밀물처럼 밀려오기도 합니다. 또는 많은 사람들과 함께 있는데도 외로움을 느끼기도 하고요. 군중 속의 고독처럼 말이죠.

외롭다는 감정은 누군가와 연결되고 싶은데 그렇지 못하다는 신호입니다. 외로움은 세 가지로 분류할 수 있는데, 깊은 유대감을 느끼지 못하는 외로움, 우정 등 타인과의 관계가 형성되지 못할 때의 외로움, 집단생활 적응 실패에서 발생하는 외로움입니다. 우선 가족과의 유대감이나 애착이 있어야 존재적 외로움이 적어요. 하지만 친밀한 가족이 있어도 가까운 친구나 연인이 없으면 또 외롭죠. 또한 친구가 있어도 소속해 있는 집단에서 적응하지 못하면 역시 외로움을 느낍니다.

자녀 양육에서 부모가 가장 많이 외로움을 느끼는 환경은 독박 육아에 놓여 있을 때입니다. 아이와 실랑이를 하면서 받는 다양한 스트레스를 함께 나누거나 도움받을 사람이 없으면 부모의 마음은 지쳐갑니다. 양육에 대한 실질적 도움은커녕 '애쓴다', '수고한다', '잘했다' 등 작은 위로와 격려도 없이 매일 혼자서 아이와 씨름하는 시간은 무척 힘듭니다. 그러면 '아이는 같이 낳았는데 키우는 건 나 혼자구나'라는 불만에 배우자와의 갈등이 시작되죠.

혼자라는 느낌이 강할 때는 다른 사람들이 사는 모습은 다 좋아 보이죠. 나는 아이 때문에 집 안에서 한 발짝도 못 나가는데 활발하게 자기 삶을 꾸려가는 사람들을 보면 상대적으로 나만 외톨이가 되어가는 느낌도 듭니다. 그나마 마음이 맞던 동네 엄마들 모임에서 위로를 받았는데, 그 사이에서 갈등이 발생하고 그로 인해 사이가 서먹해지면 이젠 진짜 나 혼자구나 싶어 외로움의 감정은 더욱 커집니다. 정말 안타까운 게 외로움이 커질수록 타인의 평가에 민감해지고, 나만 뺀 다른 사람들은 친밀하게 잘 지내는 것으로 착각하기가 쉬워요. 그럼 결국 내게 문제가 있나 생각하며 자존감이 급격히 떨어집니다.

간혹 "배우자가 있고 가족이 있는데 왜 저는 외롭죠?"라고 묻는 이들이 있는데, 그럴 수 있답니다. 원가족과의 얕은 유대감이나 애착 손상이 많았던 사람은 외로움을 많이 타거든요. 그런 사람 중에는 배우자나 자녀에게 집착하거나, 혹은 가까이 하는 것을 두려워할 수도 있어요.

특히 부부는 가장 가까운 사이다 보니 관계에 대한 기대가 높은데, 그것이 무너지면 외로움의 깊이는 더욱 깊어지죠. 때로는 배우자에게 얻지 못한 친밀감을 자녀에게 요구하기도 합니다. 이렇게 자란 자녀는 자녀다움을 제대로 경험하지 못합니다. 자녀가 부모로부터 자신의 감정을 느끼고 표현하는 것을 배우지 못하고, 대신 어른처럼 행동하며 부모를 달래고 보살피는 '애어른'이 되는 겁니다. 형제가 많은 경우 맏이가 다른 형제를 챙기거나 집안일을 돕는데 앞장서곤 하는데, 이런 자녀를 보고 부모는 아이가 의젓하고 성숙하다고 뿌듯해 하는 경우가 많아요. 하지만 이러한 모습은 부모화된 자녀입니다. 자녀는 자기 욕구보다 부모의 욕구를 먼저 챙기고, 부모의 사랑과 인정을 받고자 애정과 순종을 보이는 '부모 바라기'가 된 거예요. 기억해 주세요. 부모가 자녀에게 먼저 사랑을 주는 '자녀 바라기'가 되었을 때 건강한 부모-자녀 관계가 된다는 것을요.

따라서 외롭다고 느껴지면 우선 배우자와의 관계를 점검합시다. 진지하게 문제를 이야기하고 해결 방법을 찾아보는 겁니다. 관계 욕구에서 오는 외로움이라면 가족을 넘어서는 관계를 스스로 만들어가야 합니다. 공동체 모임에 참여해 보는 것도 좋아요. 자녀가 어린 경우 학부모 모임에 참여해 보는 것도 추천합니다.

혹 배우자가 당신의 외로움에 관심이 없다면 앞으로 부부 관계를 어떻게 이어갈지 선택해야 할지도 모릅니다. 실제 이혼하는 부부 중에는 해결되지 않은 외로움의 감정이 곪아 이혼으로 귀결되는 경우가 많습니다. 간혹 해결 창구를 잘못된 탐닉이나 불건전한 관계로 해소하려 할 수 있으므로 주의해야 합니다.

3

내 민낯이나 아이의 부족함을 숨기고 싶다

수치심과 창피함

누구나 감추고 싶은 부분이 있지요. 가까운 관계일수록 서로의 약점도 공유하곤 하는데, 상대가 자신의 약점을 놀리듯 이야기하거나 고려해 주지 않으면 갈등이 생기기도 합니다. 처음에는 좀 섭섭하고 창피합니다. 그런데 그런 일들이 쌓이면 슬슬 화가 나죠. 이때 숨겨진 진짜 감정은 자존감에 상처를 주는 일로 생긴 수치심입니다.

부부 간의 갈등도 서로의 아킬레스건 영역을 알면서도 자극해 수치심을 일으켜 발생하는 경우가 많습니다. 특히 배우자가 자녀 앞에서 자신을 함부로 대하면 더욱 큰 수치심을 느낍니다. 그러면 자신을 보호하고자 화를 내면서 상대를 더욱 공격하게 되어 부부 간의 갈등은 커질 수밖에 없습니다.

어디 부부 사이만 그러할까요. 자녀를 통해 자신의 약점을 보게 되면 역시 당황스럽고 창피합니다. 아이가 하는 행동이나 모습을 보고 이유 없이 불안해지거나 화가 나는 상황을 세밀히 살펴보면 자신 속에 숨겨진 수치심이 건드려져서 발생된 경우가 많아요. 예를 들어, 운동신경이 없어서 학창 시절 친구 관계가 힘들었던 아빠는 자녀의 운동 능력을 키워주기 위해 노력하는데 자녀가 노력하지 않고 호응이 없으면 몹시 화가 납니다. 자신이 경험했던 수치심을 자녀는 느끼지 않았으면 하는 마음인 거죠.

또 다른 예로, 가정 형편이 어려워 공부를 못했거나 원하는 진로를 선택하지 못한 부모는 자신의 인생에 늘 아쉬움이 남아 있습니다. 그래서 내 아이만큼은 그런 후회가 들지 않게 하고 싶은데, 자녀가 잘 따라오지 않거나 결과가 나쁘면 불안하고 화가 납니다. 그럴수록 자녀에게 학업을 강요하는 상황을 만들기도 하지요. 그동안 받아온 타인의 평가가 그렇게 싫었으면서도 부모의 기대와 이상에 못 미치는 자녀의 모습에 실망하고, 자신이 받았던 상처를 똑같이 주려 합니다.

자녀에게 사춘기가 오면 부모에게 함부로 말하고 버릇없이 행동하는 모습이 증가합니다. 때로는 이런 상황이 지극히 정상적인 단계이지만 그런 자녀를 받아들이지 못하고 유독 화를 내는 부모도 있습니다. 아동기까지 유순했던 자녀의 변해버린 모습을 지켜보는 것이 힘들고, 자녀의 거친 행동이 아주 미묘하게 부모의 약한 부분을 건드려 수치심을 느끼기 때문입니다.

또 자녀가 부적절한 행동이 보이면 남들이 뭐라 하기 전에 먼저 심하게 혼을 내는 부모도 있습니다. 다른 사람들이 내 아이에게 뭐라 하는 것도 싫고, 한편으로는 자녀의 행동이 예의 바르지 않거나 다른 사람에게 피해를 주게 되면 자식도 제대로 못 키우는 부모라고 평가받는 것이 싫어서 더 크게 혼을 냅니다. 하지만 부모가 다른 사람 앞에서 자녀를 심하게 꾸짖는 행동 또한 자녀에게 수치심을 심어주는 일임을 알아야 합니다.

간혹 얌전했던 아이가 갑자기 친구를 때리거나 넘어뜨려 상해를 입히는 경우가 있습니다. 친구들이 하는 말이나 행동 중에 아이의 자존심이나 수치심을 건드린 것이 있을 때 갑자기 폭발하는 거죠. 반대로 다른 친구의 결점을 찾아 흉을 보거나 수치스럽게 만들어 괴롭히는 행동을 하기도 합니다. 이러한 모습은 아이가 자신의 수치심을 줄이고자, 즉 자신이 상대적으로 가치 있음을 느끼고 싶어서 하는 행동입니다. 이는 부모라고 다르지 않습니다. 훈육이라는 명분하에 자녀의 약점이나 수치심을 자극하는 부모가 있는데, 수치심은 적대감을 불러일으킬 뿐입니다. 부모에게서 수치심을 느낀 아이는 차마 부모에게 표현하지는 못하고 형제나 친구에게 적대감이나 공격성을 드러내기도 합니다.

수치심은 자신을 어떻게 바라보느냐, 즉 자의식적인 감정으로 부정적으로 자신을 볼수록 심해지는 감정입니다. 따라서 자신을 바라보는 긍정적인 시선을 회복해야 수치심도 극복할 수 있습니다.

4

또 나 때문인가?

죄책감과 자책

자녀 문제로 상담실을 찾는 대부분의 부모가 눈물지으며 호소하는 대표적인 감정은 죄책감입니다. 내가 너무 몰라서 아이의 마음을 알아차리지 못했다는 죄책감, 일만 하느라 자식을 돌보지 못했다는 죄책감, 형편이 어려워 충분히 지원해 주지 못했다는 죄책감, 웃는 낯으로 대하겠노라 몇 번을 다짐해도 또 큰소리를 내며 자녀를 윽박지르게 된다는 죄책감, 부부 간 갈등으로 자녀에게 행복하고 편안한 가정을 마련해 주지 못했다는 죄책감…. 이러한 문제 상황이 다 부모 자신 때문이라고 자책합니다.

자녀에 대한 부모의 사랑은 설명할 필요가 없지요. 타인과의 관계에서라면 남 탓이 될 수 있는 것도 자녀와의 문제에서는 차라리 부모 탓이기를 바라는 것이 부모 마음입니다. 자녀의 문제이기보다는 부모의 문제라면 자신이 어떻게든 짊어지고 가겠다는 경우가 많아요. 이처럼 자녀에게 죄책감을 느끼는 부모에게는 몇 가지 모습이 있습니다.

첫째, 자녀의 지나치게 까다로운 기질이 죄책감의 근원이 된 경우입니다.

지나치게 예민해서 늘 보채고, 부모의 어떤 노력도 모래성처럼 무너뜨리는 자녀의 행동에 부모는 쉽게 무력감을 느낍니다. 자녀를 키우면서 항상 여유 있는 양육 태도를 유지하는 것은 결코 쉽지 않죠. 가능하면 웃는 얼굴로 부드럽게 아이를 대하고 싶지만, 자녀의 부적절한 행동이 수없이 반복되면 자제력이 무너지고 화가 폭발합니다. 그렇게 화를 내고 나면 자녀가 어릴수록 내가 이렇게까지 화를 내야 했나 싶어 후회가 되죠. 그리고 이것밖에 안 되는 부족한 부모였나 싶어 자책합니다. 하지만 그런 후회와 자책이 반복되다 보면 자녀를 만족시킬 방법을 찾지 못해 지치고, 자신을 괴롭히는 자녀가 점점 싫어집니다. 그러다가 자식을 미워하다니 이러고도 내가 부모인가 싶어서 갑자기 더 잘해주는 행동을 하며 일관성 없는 모습을 보이기도 합니다.

둘째, 다른 부모와 비교하며 죄책감을 느끼는 경우입니다.

이런 부모는 남이 잘하고 있는 것만 보이고 내가 잘하고 있는 것은 가볍게 넘깁니다. 그러면서 자녀에게 문제가 생기면 잘못 키워서 아이에게 문제가 생겼다고 할까 봐 걱정하죠. 특히 원가족의 보살핌이 부족했던 부모는 자녀를 잘 보살펴주고 싶은 마음은 있지만 그 방법을 몰라서 우왕좌왕합니다. 주변 사람들로부터 양육을 잘못한다는 이야기를 들으면 자신이 부족한 부모라 자녀에게 미안하고, 또 자녀의 미래를 망치는 건 아닌지 자책하며 고민이 커집니다.

셋째, 어린 시절 남모르는 성폭력을 당한 경험이 죄책감의 근원이 된 경우입니다.

성폭력은 자신이 피해자인데도 무의식적 죄책감을 갖게 합니다. 어린 시절부터 죄책감을 쌓아온 부모는 배우자나 자녀가 잘못을 해도 자신의 문제라고 여깁니다. 하지만 책임 소재를 명확하게 구분하지 못하고 매사 자신의 탓을 하면 오히려 자녀가 책임을 인정하는 법을 배우지 못하고 남 탓만 하는 모습을 키울 수 있습니다.

죄책감을 느끼는 부모가 자신의 고충을 토로해 가면서라도 자녀를 도울 방법을 찾으려 하면 다행입니다. 안타깝게도 죄책감을 느끼는 부모 중에는 문제를 드러내는 것을 두려워하는 부모가 더 많습니다. 그래서 어렵게 상담실까지 방문하고서도 양육 태도나 자녀의 심리 검사 결과가 부모의 문제로 나오는 것이 두려워 부모는 빼고 자녀만 상담해 주기를 바라는 경우도 많습니다. 혹은 부모의 잘못이 드러나는 상황에서는 눈물을 흘리며 괴로워해도 막상 행동 변화를 위해 부모의 개입이 필요한 순간 도망가는 부모도 있습니다. 어떤 부모는 자녀 앞에서 부모의 잘못을 인정하면 자신을 우습게 여기지는 않을지, 부모의 권위가 떨어지는 것은 아닌지 걱정합니다. 자녀 앞에서 부모의 잘못을 인정하는 것은 자녀에게 도덕적 기준에 부합하는 행동을 가르치고 바른 양심을 갖게 하는 모습을 보이는 것이지 부모의 권위를 흔드는 계기가 되지 않으니 걱정할 필요가 조금도 없습니다.

죄책감은 사회적 유대 관계나 대인관계에서 발생하는 잘못에 대한 감정입니다. 공동체 구성원이라면 누구나 경험할 수 있고, 이를 기초로 타인과의 행동을 조율하는 사회적 감정입니다. 죄책감은 사회적 감정으로서의 공감이나 친사회적 능력과 관련이 높아서 공감력이 낮으면 죄책감도 낮습니다. 죄책감이 낮으면 공격적인 행동도 쉽게 하고요.

어찌 보면 가장 힘든 부모는 죄책감이나 미안함을 느끼지 못하는 부모입니다. 그들은 상담실에 와서도 자신이 옳고, 배우자나 자녀가 잘못되었다는 것을 증명하려고 합니다. 상담자가 이런 생각을 지지해 주지 않으면 반감이 크고 상담을 거부하기도 하죠. 이런 부모는 자신도 피해자라는 점을 계속 주지시키려 하기에 부모-자녀 관계도 갈등이 잦습니다.

부모의 건강한(적절한) 죄책감은 양육 태도에 대한 자기반성을 불러오고 스스로를 성장시킵니다. 반면 건강하지 못한(적절하지 못한) 죄책감은 부모 자신이 원하는 것을 억압하고, 다른 사람의 시선이나 판단을 두려워하며 모든 걸 자기 탓으로 돌립니다. 따라서 당신의 죄책감이 과유불급이 되지 않도록 주의해야 합니다.

5

찬란했던 내 인생은 이제 사라졌어

슬픔과 서운함

상담실 책상에는 항상 티슈가 준비되어 있습니다. 상담실을 방문하는 이들은 다양한 슬픔을 품고 있는데, 처음 만나는 순간부터 눈물을 쏟아내는 이도 있고, 오랜 기간 상담이 진행된 후에야 북받치는 감정을 토해내는 이도 있습니다. 오래 누적된 감정을 쏟아내며 자신의 마음을 알아가는 시간이기에 상담에서는 꼭 필요한 과정입니다.

부모가 되면 점점 내 이름 석 자보다 누구누구 엄마, 아빠로 불리는 일이 많아지죠. 전업주부로 자녀를 키우는 엄마는 특히 더할 것입니다. 아이가 자랄수록 나라는 존재는 조금씩 사라지는 기분이 든다고 말하는 이들도 있지요. 빛나던 내 모습은 이제 찾을 길이 없지만 아이가 잘 자라주면 좀 견딜 만한데, 혹 자녀가 발달이 늦거나 문제가 있다고 생각되면 어두운 그림자가 마음을 뒤덮어버립니다. 끝이 안 보이는 양육의 늪에 빠진 듯 여겨지지요. 대부분의 부모가 자녀에 대한 절망을 경험하는 시기는 아마도 자녀의 사춘기일 거예요. 그동안 애지중지 키워놓았더니 부모에 대한 존경심은커녕 이기적인 모습으로 변해가는 자녀를 보면서 실망하고, 그 모습이 계속될까 두렵기도 합니다. "이전의 사랑스럽고 상냥했던 아이는 어디로 갔을까요?" 하며 슬퍼하는 부모도 있습니다.

현실을 인정하고 받아들일 때 흔히 '자녀에 대한 마음을 내려놓는다'고 말하는데, 그 말이 마음으로 내려와 진정으로 받아들여질 때까지는 수많은 슬픔의 시간을 지나게 됩니다. 지금 앞에 있는 그대로의 모습을 받아들이고, 나아가 자녀의 생각과 판단을 믿어주려는 고지까지 가려면 안타깝지만 긴 슬픔의 터널을 견디며 지나야 합니다.

유독 잘 우는 아이가 있듯 부모 중에도 하염없이 눈물을 흘리는 부모가 있습니다. 감정에 민감한 사람일수록 말로 전달하는 속도보다 마음이 먼저 움직이기 때문입니다. 이러한 성격이 문제가 되는 것은 아닙니다. 다만 표현의 차이임을 이해해 주는 마음이 더 필요하죠. 그리고 천천히 자신의 감정이나 생각을 말로 정리해서 상대에게 전달하는 연습을 하면 좋겠습니다.

오히려 속상해서 우는 모습을 보이는 것이 자존심도 상하고 약하게 보이는 것 같아서 후다닥 상황을 정리하고, 괜찮다며 아무렇지 않게 일상으로 복귀하려는 사람들이 더 위험하다고 볼 수 있습니다. 주변 사람에게는 괜찮아 보이지만 당사자는 속으로 곪고 있을지도 모르거든요. 따라서 부모나 자녀 모두 힘든 상황인데도 속상해하지도 않고, 화를 크게 내지 않는다고 해서 아무렇지 않다고 여기고 넘어가면 절대 안 됩니다. 충분히 슬퍼해야 하는데 그러지 않고 지나가는 것은 숨겨진 감정을 만들고, 이렇게 숨겨진 감정은 언젠가 뜻밖의 순간에 다시 나타나기 마련입니다. 그때는 다른 문제까지 복합적으로 엮여서 더 심각한 상태가 될 수도 있습니다. 따라서 자신의 감정을 빨리 알아채는 것이 중요합니다.

감정에 메시지가 있듯 눈물이 주는 메시지도 있습니다. 힘들다, 외롭다, 그럼에도 애쓰고 있다고 자기를 위로해 주고 격려해 주기를 바라는 신호입니다. 오히려 울 수 없는 마음이 문제이고, 슬픈 장면에도 슬픔을 느끼지 못하는 것이 더 큰 문제입니다. 자녀가 이런 상황이 된다면 주의 깊게 살펴보아야 합니다. 감정을 경험하고, 표현하고, 조절하는 것을 배워야 하는 자녀가 눈물도 메마른 아이가 되었다면 일반적인 관계에서의 감정 교류도 어려울 수 있으므로 부모의 도움이 필요합니다.

슬픔은 한 번에 사라지지도 않습니다. 때로는 감정을 빨리 수습하지 못하고 도돌이표마냥 같은 지점의 슬픔을 생각하고 또 생각하는 모습이 답답하고 힘겨울 수 있는데, 한 번 솔직하게 토로했다고 감정이 싹 사라지지 않습니다. 감정 기억이 있기 때문이죠. 감정 기억은 이미 정리된 것 같은데도 슬픔을 다시 일으키곤 하거든요. 그러므로 '왜 이미 지난 감정이 여전히 나를 괴롭힐까' 하고 걱정하지 말고, 어떤 순간 슬픔이 다시 올라오는지를 살펴보세요. 그리고 과거의 감정인지 현재의 감정인지를 구별하고, 과거의 감정이라면 그 시점의 나를 다시 떠올리며 '과거의 나'를 따뜻하게 위로해 주면 됩니다. 그런 노력을 꾸준히 하다 보면 무조건적 반추 양상과 하염없는 울음은 분명 조금씩 줄어들 겁니다.

6

어쩌다 이런 자식을 낳아 내가 고생하나

분노와 미움

부모도 사람이라 아무리 사랑하는 자식이라도 자녀가 상처 주는 말과 행동을 하면 당연히 화가 납니다. 자녀가 부모를 어려워하지 않고 폭력적인 행동을 보일 때면 내가 아이를 이렇게 엉망으로 키웠나 싶어 자괴감도 듭니다. 가까이 하고픈 부모를 밀쳐내는 자녀도 상처가 되지만, 반면 부모에게 끊임없이 관심과 애정을 요구하며 떨어지지 않으려는 것도 지치는 상황이죠. 애정 표현이라기보다는 자신을 괴롭힌다고 여겨져서 급기야 자녀와의 신체 접촉이 귀찮고 화가 나는 부모도 있습니다.

또 나름 정성을 다해 키웠는데 기대에 미치지 못하는 상황을 만나면 부모는 보통 화가 납니다. 자녀의 학업 수행이 부족하다고 생각되면 우선 실망감을 느낍니다. 거기에 여러 번 이야기해도 생활 습관을 세우지 못하고 주변 정리 정돈조차 제대로 하지 못하면 부모와 자녀는 매일 전쟁을 치르죠.

일반적으로 많은 부모가 오해하는 부분이 있습니다. 부모는 자녀가 똑똑하고 부모의 말도 잘 따르길 바라죠. 그런데 이것은 상반된 특성입니다. 똑똑해진다는 건 그만큼 생각을 세우고 자기주장을 펼칠 수 있는 근거를 쌓아간다는 것입니다. 그것이 부모의 어설픈 논리에 항변하고, 잘못된 부분을 지적하는 행동으로 표현된다면 자녀가 반항하는 것으로 여겨질 수도 있어요. 그럼 대부분의 부모는 화를 내죠. 무조건 화를 내기보다는 자녀의 사고가 자라는 과정이라고 이해해 주는 것은 어떨까요.

간혹 이혼하는 과정에서 자녀를 보지 않겠다고 결정하는 부모도 있습니다. 부부 간 갈등으로 헤어지는 것이지 자녀와 헤어지는 것이 아닌데도 부부 갈등에서 해소되지 않은 감정을 자녀에게 쏟아내는 것이죠. 자녀를 분리해서 생각하지 못하고 배우자에 대한 분노를 자녀에게도 보냅니다. 특히 자녀 양육권 분쟁에서 자녀가 자신이 아닌 배우자를 선택했다고 여기거나, 양육자가 면접교섭을 강하게 요구하면 '아이는 안 보면 그만이다', '연을 끊고 살겠다'는 등의 말을 쏟아내는 경우도 있습니다.

이런 전위적 공격 행동(displaced aggression)을 보이는 사람은 자녀에게 쉽게 화를 냅니다. 작은 실수에도 차분하게 설명하기보다는 버럭 화를 냅니다. 그러면서 외부 사람에게는 조심하고 잘해요. 이런 부모 밑에서 성장하는 자녀는 부모의 화 또는 언어폭력에 압도되어 자신이 원하는 것을 하겠다는 생각을 할 수가 없어요. 자기 마음대로 했다가 쏟아질 폭탄이 두렵기 때문이죠. 그래서 아주 최소한으로 부모가 시키는 것만 하거나 매우 수동적인 아이가 될 확률이 높습니다. 부모가 두려운 유아기와 아동기까지는 이런 모습을 보이다가 사춘기 이후에는 오히려 자녀가 폭탄이 되기도 합니다. 아니면 부모와 심리적으로 단절하고 아예 아무 말도 하지 않으려 할 수 있습니다.

화를 쉽게 내는 사람은 스스로를 솔직하다고 잘못 생각하는 경우가 종종 있습니다. 기분 좋은 것을 잘 표현하듯 기분 나쁜 것도 숨기지 않는다는 거죠. 물론 화를 내는 감정이 잘못되었다는 것은 아닙니다. 다만 그것을 자기 마음대로 표현하면 오히려 역효과를 가져와 관계를 악화시킬 수도 있습니다. 분노가 공격적인 모습으로 표출될수록 상대는 분노의 원인보다는 그 표출 방법에만 관심을 갖게 되고, 같이 화를 낼 수 있거든요. 화 또한 자신을 보호하는 중요한 감정이기 때문이죠. 부당한 일을 당했다고 느끼고, 이에 대해 반응하는 행동이 필요하다고 생각될 때 사람들은 화를 내잖아요. 화를 타인과 갈등을 일으키거나 파괴하는 감정으로 여기는 것은 화의 표현 문제 때문입니다.

이것이 화를 내는 다양한 원인을 이해하고 잘 표현하는 방법을 배워야 하는 이유입니다. 화가 난다고 성급하게 자녀 앞에서 막말이나 분노를 쏟아낸다면, 자녀의 무의식에는 '나는 쓸모없는 존재'라는 생각이 뿌리내려 늘 위축되고 나약한 자존감을 가질 수밖에 없습니다. 나아가 부모의 화내는 방식을 고스란히 자기 것으로 배워 쉽게 자신뿐만 아니라 타인에게도 경멸과 비난의 말을 쏟아내며 화를 표현할 수 있습니다. 당신의 자녀가 화내는 모습을 한번 살펴보세요. 당신의 모습이 보이지 않나요? 화가 나는 감정은 적극적으로 수용지만 표현은 신중하게 할 수 있는 방법을 찾아가야 합니다.

두 번째 시간

자존감 키우기:
내가 있고,
자녀가 있는 것

1

나는 나와 친한가?

자기 객관화하기

살면서 우리가 가장 많이 하는 고민은 '자기 자신'에 대한 것이죠. 상담 중 어른이든 아이든 스스로 '저는 자존감이 낮아요'라며 고통스러운 고백을 하는 이들이 많습니다. 이 말은 '나답게 살지 못하고 있다'는 또 다른 표현이기도 합니다. 내가 나답게 사는 방법을 알지 못하거나 그 길을 잃어버리면 삶의 목적이 사라집니다. 사람은 다 자기 색을 갖고 태어나는데, 자기 본연의 색을 모르거나 덧칠해서 살면 결국 삶의 방향이나 가치를 잃어버릴 수 있습니다. 그러면 우울, 불안, 분노 등 여러 가지 심리적 문제가 생기고, 심하면 환각, 망상 등의 정신병리가 발생하기도 합니다.

부모로서의 삶이 힘든 점 중 하나는 바로 '나와의 관계'가 소홀해지기 때문입니다. 부모가 되면 자신보다는 가족을 챙기는 것이 우선이 되곤 하죠. 거기에 일을 하면서 업무 스트레스까지 겹치면 자신을 돌볼 여유는 찾기 힘듭니다. 결혼을 하고, 부모가 되면서 몸이 여러 개였으면 좋겠다는 말을 하는 이들이 많은데, 그만큼 챙기고 보살펴야 하는 이들이 늘어나서겠지요.

상담 중 내담자의 심리를 좀 더 객관적으로 이해하기 위한 평가 가운데 '문장 완성 검사'가 있습니다. 문장의 일부분을 제시하고 나머지를 자유롭게 적으면서 내담자의 심리를 이해하는 평가입니다. 한 엄마가 '좋은 엄마는 _____'라는 문장에 '좋은 엄마는 내 삶이 없다'라고 쓴 글을 보고 마음이 아팠던 기억이 납니다. 몇 해 전 여성가족부 산하 건강가족진흥원에서 '대한민국 부모학교: 좋은 부모, 행복한 아이' 교육을 진행한 적이 있는데, 이때도 많은 부모가 좋은 부모는 자녀를 훌륭하게 키워낸 부모, 자녀를 위해 희생하거나 인내하는 부모 등으로 이야기했습니다. 많은 이들이 부모가 되는 순간 '내 삶은 없다'고 여기고 있는 것이지요.

지난 몇 해 코로나19로 재택근무와 원격수업이 일상화되면서 심리적으로 힘들어 하는 부모도 많아졌습니다. 자녀가 유치원이나 학교, 학원이라도 다닐 때는 잠시 숨을 고르며 여유 시간을 가질 수 있었는데, 일과 양육의 경계가 없는 생활이 오래 지속되다 보니 끝도 없이 반복되는 일상에 지치고 피로감을 호소하는 부모가 매우 많았습니다. 그러면 모든 것에 짜증이 나고 분노가 올라오는 상황에까지 이를 수 있지요.

많은 부모를 만나다 보면 전쟁 같은 육아의 현장에서도 자녀를 키우는 일에만 매몰되지 않고 나를 돌보는 일을 소홀히 하지 않는 부모가 있습니다. 그들은 '나'와 잘 지냅니다. 어떻게 그러냐고요? 가장 먼저 '자기 객관화'가 필요합니다. 다른 사람을 보듯 나를 객관적으로 보는 겁니다. '아바타'에 비유하기도 하는데, 내가 한 말이나 행동 등을 보면서 '나의 아바타가 이렇게 느끼는구나', '이렇게 생각하고 행동했구나' 하고 이해하는 겁니다. 때로는 무대 위에 서 있는 배우를 보는 연출가로 묘사할 수도 있습니다. 연출가로서의 나가 배우로서의 나를 보며 평가하는 거죠.

이제 연출가의 눈으로 당신의 모습을 떠올려보세요. 당신의 모습을 떠올리기 쉬운가요, 아니면 꺼려지나요? 저항 없이 당신의 모습 그대로를 떠올리는 것이 어렵지 않다면 '나는 나와 친한가?'라는 질문에 대한 당신의 답은 'yes'가 될 수 있습니다.

2

나는 왜
내 편이 아닌가?

자기 수용하기

상담을 온 부모 가운데 자신에게 발생한 부정적인 감정을 제대로 이해하지 못해 자녀에게 전이하거나, 잘못된 양육 태도로 자녀 문제를 심화시키는 부모가 있습니다. 몇 가지 사례를 보지요.

은성이 엄마는 직장에서 동료와의 관계가 쉽지 않아 스트레스를 받는 일이 많았습니다. 그런데 자녀가 말을 듣지 않으면 아이들까지 나를 무시하는가 싶어서 언성이 높아지고, 심하면 손찌검도 하게 되었죠. 그러고 나면 '부모로서 이러면 안 되는데' 하고 후회되면서, 자녀 앞에서 자꾸 작아지는 자신의 모습에 괴로워했습니다.

재연이 엄마는 모든 일에 미숙한 자녀를 보면 학창 시절 친구들로부터 따돌림당했던 기억이 나서 아이를 몰아세우곤 했습니다. 어떻게든 바꿔주고 싶은 마음인데, 잘 따라오지 않는 아이에게 자꾸 화가 났습니다. 아이가 싫다고 거부할수록 자신처럼 학교에서 따돌림당하게 될까 봐 너무 무섭기도 하고요.

선후 아빠는 자기밖에 모르는 형 때문에 늘 집안 뒤치다꺼리를 하면서 살아온 자신의 삶이 지긋지긋했습니다. 가족을 위해 참고 희생하며 살아왔는데 자녀까지 자기밖에 모르는 행동을 하면 견디기 힘들었습니다. 내 아이가 너무나 싫어하고 경멸했던 형제의 모습을 닮을까 봐 두려운 마음도 들었습니다. 자녀를 바르게 이끌기 위해 가르쳐보려 하지만 그럴수록 자녀와의 관계가 어긋나는 것 같아 걱정이 큽니다.

세 부모는 자녀의 행동에 화를 냈지만, 사실 자신의 감춰둔 마음을 건드리는 자녀로 인해 불안해져 분노를 표출한 것입니다. 이러한 자신의 불안을 이해하려면 자녀의 잘못된 행동으로 화살을 돌리지 말고, 불안해 하는 자신을 돌봐야 합니다. 이때 자신을 살피는 것이 잘되지 않는다면 나와 친하지 않기 때문입니다. 그래서 나와 친해지는 단계가 반드시 필요합니다.

나와 친해지기 위해서는 먼저 앞서 말한 자기 객관화가 필요합니다. 자기 객관화를 통해 '자기 인식'을 해야 하는데, 자기 인식의 시작 단계는 자기 감정에 대한 인식입니다. 내 감정이 어떤지를 알아차리는 거죠. 그리고 그 감정을 있는 그대로 인정해 주어야 합니다. 늘 강조하지만 감정에는 느끼면 안 되거나 잘못된 감정은 없습니다. 모든 감정에는 나에 대한 메시지가 담겨 있습니다. 감정은 나를 보호하는 장치이고, 동시에 상황에 대한 정보를 제공해서 어떻게 문제를 해결해야 할지 알려주는 첫 단추이고요. 그러므로 스트레스를 받거나 위기 상황에서 경험하는 불쾌한 감정을 외면하지 말고 제대로 읽어줘야 합니다. 읽어준다는 말은 각 감정의 용어를 정확히 불러주는 것입니다.

두 번째 단계는 그 감정을 비판하지 않고 그대로 수용하는 것입니다. 나의 감정을 불러주고 그 감정을 수용하면 비로소 나와 친해집니다. 이는 친한 친구에게 고민을 털어놓을 때와 비슷합니다. 즐거울 때나 힘들 때 내 말을 잘 들어주고, 때로는 맞장구쳐주는 친구에게 위로와 격려를 받고 다시 일어날 힘을 얻은 경험은 한 번쯤 있을 거예요. 나에 대해서도 마찬가지입니다. 내가 나에게 하는 자기 격려가 곧 '자기 수용'입니다.

하지만 생각만큼 마음이 쉽게 따라오지 않아요. 왜 나는 나를 거부할까요? 왜 나와 친해지기를 꺼릴까요? 나를 있는 그대로 바라보고 인정해 주는 자기 수용을 방해하는 요인이 있는데, 크게 네 가지로 설명해 볼 수 있습니다.

첫째, 원가족 부모가 보여준 왜곡된 거울 때문입니다.

부모가 했던 평가의 말들이 나를 부모의 조건에 맞는 사람으로 바꾸어가도록 조정했습니다. 그래서 속사람의 비판자 목소리가 되어 계속 나를 채찍질합니다.

둘째, 그렇게 해서 만들어진 부정적인 사고 때문입니다.

나에 대한, 타인에 대한, 세상에 대한 믿음과 신뢰를 방해하는 부정적 사고는 나와 타인, 세상에 부정적 기대를 갖게 합니다. 그래서 부정적 답정너인 나를 보는 게 싫을 수밖에 없지요.

셋째, 지나친 의존 욕구나 인정 욕구 때문입니다.

사람에게는 누구나 의존 욕구와 인정 욕구가 있고, 이를 통해 건강한 자기 만족의 삶을 꾸려갈 수 있습니다. 하지만 이에 대한 안정적이고 신뢰할 만한 경험이 부족하면 지나친 의존 욕구로 인해 매 순간 결정장애 모습을 보이면서 자신을 믿지 못하고, 문제가 생기면 남 탓을 하게 되죠. 또 인정 욕구가 지나치면 매사 관심이나 칭찬 등의 심리적 보상을 갈구하고, 그런 보상이 없다고 판단되면 아무도 날 몰라준다며 쉽게 분노하며 포기합니다. '나'가 아닌 '남'의 존재로 살아가고 있기에 나를 경시하게 되는 거죠.

넷째, 과거, 현재, 미래를 보는 관점 때문입니다.

시대적 흐름을 관통해서 자신을 알아가는 것은 매우 중요한데, 자신을 수용하지 못하는 사람은 한 시점에만 머물러 자신을 옭아매고 있습니다. 즉 과거의 관점으로 나를 제한하는 것이나, 미래의 관점인 목적론으로 자신을 보면서 과거를 경시하는 모습은 현재의 나를 돌보지 않고 지금을 살지 않은 모습입니다.

이러한 자기 수용에 걸림돌이 되는 요인을 없애지 않으면 자신을 거부하며 나와의 소통은 단절됩니다. 그 대가는 혹독하지요. 서서히 생활이 무너지면서 점점 아무것도 하기 싫어집니다. 삶에 대한 흥미는 물론 의욕도 사라지거나 무의미한 활동에 빠집니다. 알코올 중독이나 게임 중독, 도박 중독, 성 중독 등이 그 예로, 그런 중독만이 내가 살아 있음을 느끼게 해준다고 말합니다.

'건강한 나' 없이 건강한 부모가 될 수 없습니다. 필자는 상담을 온 모든 부모에게 자녀보다 자신을 먼저 돌봐야 한다고 말합니다. 흔히 자식보다 부모 자신을 먼저 챙기면 이기적인 사람으로 생각하는데, 크게 보면 오히려 현명한 모습이라고 할 수 있습니다. 자신을 아낄 줄 아는 부모는 자녀에게 의존하지 않고 자신을 지켜낼 힘이 있기 때문입니다. 우리는 남에 대해서는 너그러우면서 자신에 대해서는 비판적일 때가 많은데, 나를 판단하는 행동을 멈추고 한 발 물러나보세요. 자신의 감정을 알아차리고 수용하는 마음을 가진 건강한 부모가 좋은 에너지의 진동을 자녀에게 전해줄 수 있습니다.

3

나에게로 가는 길

부모 자존감 회복하기

꼭 사춘기 자녀가 아니어도 예민하고 까다로운 기질을 가진 아이를 키우는 건 쉽지 않죠. 그럼에도 자녀와의 관계가 어긋나고 있다는 생각이 들면 대부분의 부모는 자신이 부족하여 아이와 잘 지내지 못한다고 생각합니다. 또 자녀의 발달 속도가 뒤처지기라도 하면 또한 부모의 잘못이라고 확신하지요. 갑자기 집안 사정이 어려워지거나 이혼 등으로 가정 환경이 바뀌면 자녀에게 불행한 상황을 안겨주었다는 죄책감에 부모는 한없이 작아집니다. 그러다 보면 자녀뿐만 아니라 부부, 동료 등의 관계까지 어려워집니다.

많은 이들이 지독한 고통의 시간을 겪은 후 마지막 희망의

끈을 잡는 심정으로 상담실 문을 두드립니다. 이미 지치고 피폐해진 그들을 볼 때마다 필자는 안타깝습니다. 신체의 통증이 몸의 이상을 알리는 신호이듯 마음의 고통 또한 신호를 보내는 것인데, 어느 순간 자신을 잃어버린 이들은 그 신호조차 읽어내지 못하거든요.

자신을 잃어버린 채 마음의 고통을 겪는 부모에게 가장 먼저 필요한 것은 부모로서의 자존감을 세우는 일입니다. 일반적으로 자존감은 '나는 사랑받을 만한 사람이고, 능력 있는 사람이라는 믿음'을 말합니다. 여기에 더해 부모로서의 자존감은 자녀를 양육하는 데 있어 누가 어떤 말을 하든 마음의 중심을 단단히 잡고 흔들리거나 무너지지 않는 것입니다. 또 어떠한 상황에서도 문제를 해결할 수 있다는 믿음이고요. 따라서 부모 상담의 시작은 부모로서의 자존감을 회복하는 것부터 시작합니다.

첫 번째 단계는 주관적 평가를 점검하는 것입니다.

내가 나를 어떻게 바라보는가가 주관적 평가이고, 가족이나 사회 등 공동체에서 말하는 나에 대한 평가가 객관적 평가입니다. 주관적 나는 '속사람', 객관적 나를 '겉사람'이라고도 합니다. 자존감이 낮은 사람들은 주관적 평가가 긍정적이지 않습니다. 그래서 나와의 자연스러운 친밀감을 회복하는 것이 필요합니다.

누구에게나 각자의 삶은 소중하고 자녀를 키우는 부모도 마찬가지입니다. 자녀 때문에, 가족 때문에 나를 소홀히 해서는 안 됩니다. 자녀도 가족도 그런 부모를 원하지 않고요. 그리고 내게 있는 인정 욕구, 의존 욕구, 애정 욕구를 인정해야 합니다. 이는 죽을 때까지 안고 가는 자연스런 욕구이기 때문이죠. 누구보다 자신이 아파하는 나를 이해하고 위로해 주는 사람임을 잊어서는 안 됩니다.

두 번째 단계는 나와 화해하는 시간을 갖는 것입니다.

그동안 외면해 왔던 자신과 갑자기 가까워질 수는 없지요. 그래서 나와의 만남이 어색하고 불편할 수 있습니다. 그럼에도 나의 속사람에게 먼저 손을 내밀어 화해를 청해보세요. 쉽게 포기하고 못났다고 여겨지는 내면의 아이는 대항할 수 없는 환경에서 살아남기 위한 나의 보호체계였을 뿐입니다. 그런 방법으로밖에 살 수 없던 나를 수용하고 인정해 주세요. 그리고 '내가 그랬구나', '많이 힘들었지?', '나를 함부로 대해서, 방치해서, 몰라줘서 미안해', '다시 잘 지내보자'라고 사과하세요. 보잘것없다고 비난만 하고 미워했던 나를 용서해 달라고 사과하고 먼저 안아주는 형상을 상상해 보세요. 뜨거운 마음이 올라오며 붉어지는 눈시울은 화해의 응답입니다. 나는 나의 진정한 위로자가 되어야 합니다. 이러한 나의 위로가 결국 나의 감정을 조절케 하고, 다른 사람들에게 필요 이상으로 의존하려는 양상을 조절할 수 있습니다.

세 번째 단계는 저항을 다루는 것입니다.

나와 화해하는 시간을 통해 마음의 큰 짐을 덜었습니다. 전보다는 나를 떠올리는 것이 수월해졌지만 무슨 일이든 한 번에 되는 건 없지요. 인간관계나 일에서 문제가 생기거나 스트레스를 받으면 여지없이 나를 질책하며 속사람을 회피합니다. 그런 나에게 다가가 말을 거는 것은 어쩌면 이전보다 더 힘들 수 있어요. '노력해도 소용없구나'라는 생각이 나를 자꾸 끌어내립니다.

처음 나타나는 저항을 잘 다뤄야 합니다. 도망가지 않고 큰 산을 한 번 넘는 경험이 필요합니다. 그리고 속사람을 대하는 내 모습이 한 번에 바뀔 수 없음도 이해해야 합니다. 그러면 다음 저항은 조금 낮은 산으로 다가옵니다. 그렇게 우리는 한 단계 나아가는 거지요. 그리고 나를 부정하는 속사람의 비판자 목소리에는 용기 있게 '꺼져버려! 난 더 이상 그런 소리에 속지 않아!'라고 외쳐보세요.

네 번째 단계는 자기 인식의 확장입니다.

감정적인 저항에 효율적으로 대처하기 위해 필연적으로 따라오는 단계로, 마음을 이해해 주면서 자신을 알아가는 과정입니다. 자기 인식을 넓히기 위해서는 자기 분석을 위한 몇 가지 과정이 필요한데, 다음의 세 과정입니다.

먼저 '나의 습관적인 반응 이해하기'입니다. 화가 나거나 기분이 나쁠 때 나오는 모습, 인간관계나 일에서 문제가 생길 때 나오는 나의 모습을 살펴봅니다. 특히 배우자나 자녀에게 보이는 일상의 모습을 보자고요. 이때 자신의 행동을 녹화하거나 녹음해서 관찰하는 것도 도움이 됩니다.

두 번째 과정은 '나의 성격 이해하기'입니다. 하나의 성격검사로만 자신을 판단하려 하지 말고 다양한 성격검사를 통해 여러 가지 모습을 찾아봅시다. 내 성격의 강점과 약점을 이해하면 나와 타인의 관계에서도 도움이 됩니다.

자기 인식을 넓혀가기 위한 세 번째 과정은 '신체, 마음, 생각을 통해 내 모습 점검하기'입니다. 나를 잘 모를 때 가장 쉽게 할 수 있는 방법은 내 몸을 살펴보는 것인데, 내 몸은 어떤 모습이고, 어디가 아프고 어떻게 돌보고 있는지 살핍니다. 또 나의 핵심 감정을 알면 도움이 됩니다. 자주 느끼면서 나를 힘들게 하는 감정을 핵심 감정이라고 합니다. 일정 기간 감정 일기를 쓰면서 어떤 감정을 자주 느끼는지 살펴보면 찾을 수 있습니다. 걱정, 불안, 슬픔, 분노, 억울함, 수치심, 질투 등 자주 언급되는 감정이 나의 핵심 감정인데, 나의 감정을 수용하며 감정이 전달하려는 메시지를 읽어내야 합니다. 감정은 생각과도 밀접하게 연관되어 있어서 사건이 생긴 순간 어떤 생각을 하느냐에 따라 감정도 다르게 느껴집니다. 달라진 감정에 따라 행동도 달라지고요. 하루에 하나 정도 주요 사건에 대해 생각-감정-행동으로 연결 지어 정리해 보는 것이 도움이 됩니다. 이때 사건이나 상황에 즉각적으로 떠오른 생각이 혹시 왜곡된 것은 아닌지, 지나치게 확대 해석하는 것은 아닌지 점검해 보아야 합니다. 잘못된 생각을 바르게 판단하는 훈련을 반복하면 폭발할 것 같은 감정도 크게 요동치지 않게 조절할 수 있습니다.

다섯 번째 단계는 훈습의 긴 시간을 통과하는 것입니다.

자기 분석 등을 통해 나를 이해하는 폭이 넓어지면 나와의 만남이 한결 수월해집니다. 하지만 여전히 새롭게 나를 대하는 방식이 어색하고 불편하지요. 그래서 차라리 나를 모른 척하고 지낸 과거의 시간으로 돌아가고 싶을 때가 있습니다. 이런 내면의 싸움은 지속적으로 찾아오는데, 그때는 충분히 힘들 수 있고, 그냥 살던 대로 살고 싶은 유혹이 더 달콤할 수 있음을 인정하자고요. 그리고 다양한 자존감 훈련으로 나를 단련시켜야 합니다.

나의 작은 성공도 칭찬하고, 나에게 주는 선물도 마련해서 가시화하는 겁니다. 성공 경험을 사진이나 기록으로 남겨놓을 수 있는 공책이나 블로그 등을 만들어 자꾸 들여다보고요. 타인을 존중하는 것처럼 자신을 존중하는 훈련을 하는 것입니다. 일이나 인간관계에서 힘든 시간이 와도 다시 원상태로 돌아갈 수 있는 회복탄력성을 기르는 것도 중요합니다.

여섯 번째 단계는 일반화시키는 것입니다.

이는 자존감 있는 모습으로 생활하는 영역을 확장시키는 것입니다. 자존감이 높은 사람은 가족이나 친구, 동료 등 관계를 맺는 사람 간에는 경계(boundary)가 존재한다는 것을 알고 있습니다. 그래서 이를 존중하고 유연하게 대처합니다. 건강한 경계는 나를 보호하면서 타인과의 교류에도 도움이 되지요. 자존감이 높고, 이로 인해 건강한 정신적 경계를 유지하면 타인의 생각이나 감정, 욕구, 가치관 등을 무조건 따르거나 외면하는 것이 아니라 수용할 것과 아닌 것을 구별해 낼 수 있습니다. 나를 존중하듯 타인이 갖고 있는 특별한 기질을 인정하고, 그의 선택과 개별성을 존중하는 것이지요.

이는 가족에게도 해당됩니다. 우리나라는 배우자나 자녀를 자기와 동일시하는 경향이 높은데, 경계가 무너지거나 너무 견고한 관계를 유지하다 보면 자녀로부터 회피 반응 등의 극단적인 모습을 보았을 때 상처를 입기도 합니다. 때로는 그러한 가족으로 인해 피로감을 느끼기도 하고요. 자존감은 나를 바라보는 나의 평가만으로 형성되는 게 아니라, 남이 보는 나의 평가가 함께 어우러져 만들어집니다. 따라서 가족이라 할지라도 서로의 주장과 선택을 존중할 수 있는 건강한 경계를 유지해야 하고, 이를 통해 부드럽게 상호 소통하는 환경을 만들어가야 합니다.

부모가 되었다고 자신을 잃지 않기를 바랍니다. 오히려 자신의 독창성을 찾아내기 위해 노력해야 합니다. 내가 정말 잘하는 것, 내가 원하는 삶은 무엇인지 고민하고, 자녀나 가족을 넘어서 나의 욕구를 만족시키는 노력을 소홀히 해서는 안 됩니다. 자녀와 애착 문제를 갖고 있는 부모에게는 친밀감을 회복시키기 위해 15~30분 정도의 짧은 시간이라도 깊이 있는 관계를 꾸준히 갖도록 조언하는데, 이는 나와의 관계도 다르지 않습니다. 매일 나를 만나는 시간을 갖기를 권합니다. 나에게 말을 걸고, 내가 듣고 싶어 하는 긍정적인 말을 해주고, 위로하고 다독이며 친해지는 시간을 가져보세요. 10분, 15분이어도 좋습니다. 마음의 안부를 묻는 시간을 통해 남이 아닌 자신에게 위로받을 수 있음을 배울 수 있을 겁니다.

이러한 나의 위로는 감정과 행동을 조절하는 근원적 힘이 됩니다. 행동이 습관으로 자리 잡으려면 1만 시간이 필요하다고 하지요. 매일 꾸준히 나를 만나는 시간을 통해 자신과 최고의 친구가 되어보세요. 『데미안』에서 말하듯 우리 각자에게 주어진 단 하나의 진정한 소명은 오직 자기 자신에게로 가는 것임을 기억해 주세요.

4

부모라고 모든 정답을 알 수는 없다

부모 효능감 기르기

최근 자녀를 키우는 과정에서 가장 큰 어려움은 양육의 손길이 너무나 부족하다는 것입니다. 예전에는 3대가 함께 사는 가정도 많았고, 이웃이 서로 돌봐줄 수 있는 환경도 조성되어 있어서 많은 자녀가 있어도 힘들지 않았어요. 하지만 요즘은 독박 육아의 형태가 늘고 있지요. 독박 육아를 하고 있는 부모의 우울감은 그렇지 않은 부모보다 더 크다고 합니다. 그래서 많은 부모가 빨리 자녀 양육에서 벗어나고 싶어 하지요. 또 자아실현에 대한 관심이 높고, 경제적 독립도 필요한 사회 분위기가 지배적이다 보니 빨리 내 일을 찾아야 한다는 생각에 쫓기는 마음을 품고 사는 이도 많습니다.

상담실에서 만난 수찬이 엄마가 그런 경우입니다. 그녀는 5, 6살 연년생 자녀가 이쁘긴 하지만, 빨리 자신의 자리를 찾지 않으면 이렇게 살다가 끝나버리는 건 아닌지 걱정이 많았습니다. 자신의 꿈을 키워갈 때의 여유롭고 멋진 모습은 온데간데없고, 결혼 후 자녀를 키우면서 만난 자신은 늘 헤매고 쫓기며 정신없이 사는 모습뿐이었으니까요. 그래서 불안한 마음만 가득합니다. 그럴수록 자녀에게 화를 쏟아내는 자신의 모습이 괴로워 상담실을 찾았습니다.

수찬이 엄마가 특히 부모 역할에 자신없어 했던 이유는 원가족 부모와의 관계 때문이었습니다. 이혼 가정에서 성장하며 부모는 자신에게 관심이 없었고, 할머니가 유일한 자신의 편이었습니다. 할머니가 돌아가신 후 혼자 살면서 다행히 직장 생활에서 인정과 사랑을 받았습니다. 그곳에서 남편도 만나 결혼도 했고요. 그런데 자녀를 키우면서 잊고 싶었던 가정사가 다시 떠오르고, 유일하게 인정받았던 경력이 단절될 수도 있다는 불안이 밀려왔던 것입니다. 자식으로 사랑받아 본 적이 없고, 늘 폭력적이었던 아빠에 대한 두려움과 분노, 원망이 많았던 그녀는 부모가 되는 것에 두려움도 있었습니다. 안타깝게도 이를 배우자와 공유하지 못했다고 했어요.

살면서 필요한 인정이나 애정, 의존 욕구가 부모에게서 충족되지 않으면 배우자, 자녀, 친구, 동료 등 여러 인간관계에 영향을 줍니다. 그래서 부모 상담에서는 원가족 부모와의 관계 회복에 많은 힘을 쏟습니다. 그런데 수찬이 엄마처럼 회복할 대상이 부재한 경우에는 배우자와의 좋은 관계가 안정적 대상 관계를 다시 형성하는 데 큰 힘이 됩니다. 배우자는 애정, 의존, 인정 욕구를 채워줄 수 있는 새로운 대상이기 때문이죠. 하지만 연년생 자녀를 낳고 남편이 장거리 출퇴근을 하면서 자녀 양육에 도움을 주지 못했고, 무의식에 숨어 있던 수찬이 엄마의 두려움과 외로움이 다시 올라오기 시작했던 것입니다.

수찬이 엄마는 부모 효능감을 갖는 것이 필요했습니다. 상황이 달라지거나 가고 싶지 않은 길을 가야만 하는 과정에서 자존감은 언제든 상처를 입을 수 있지요. 결혼 전 언제나 당당했던 나였지만 부모 역할에 자신이 없거나 잘 못하고 있다고 여겨지면 자존감과 효능감이 낮아집니다. 효능감은 자기가 속한 역할을 잘 수행할 때 느껴지는 자기만족과 관련된 개념이에요. 수찬이 엄마는 부모 효능감이 낮아지면서 자신에 대한 자신감도 잃어갔습니다. 그래서 현재 수찬이 엄마의 삶에서 부모 효능감이 얼마나 중요한지를 깨닫고, 기를 수 있는 방법을 같이 고민했습니다.

부모 효능감이 부족하면 자녀의 개별적 특성이나 발달 모습을 잘 파악하지 못하고, 부모 역할에 대한 흥미가 없거나 부모로서 과연 잘 해낼 수 있을지를 긴장하며 걱정을 많이 하는 모습을 보입니다. 또 자녀를 대하는 것을 힘들어 하고, 훈육이나 지도 방법 등을 잘 몰라 어려워합니다. 특히 첫째를 키우면서 부모 효능감이 떨어지는 일은 다반사예요. 혹은 첫째와 전혀 다른 성향의 둘째, 셋째를 만나도 첫째에서 생겼던 부모 효능감이 위협받기도 합니다.

부모 효능감은 부모로서 자신을 어떻게 바라보는지 점검하면서 향상시켜 갈 수 있습니다. 나아가 부모 역할에 대한 지식적 이해, 자녀에 대한 이해, 부모로서 느끼는 정서적 반응, 자녀와의 갈등에 대한 문제해결 능력, 부모로서의 기대 등 다섯 가지 영역에 대한 태도를 배워 나가며 키울 수 있고요.

수찬이 엄마와는 우선 무의식적으로 부모가 되는 것을 두려워했던 부분을 해결해 나갔습니다. 무의식의 흐름을 모두 벗어버리는 것은 힘들어도 무조건 따르지 않을 수는 있는데, 내가 경험한 것을 의식하려 노력하고, 경험하지 못한 다른 방법을 실행하려는 연습을 통해서입니다. 가장 먼저 시작한 것은 '도망가지 않기'입니다. 자녀와의 관계에서 느끼는 불편함이나 어색함, 어려움 등을 피하지 않는 것입니다. 그리고 자신의 모습을 인정하는 것입니다. '내가 이렇게 하고 있구나', '어려워서 도망치고 싶구나' 하고 자신의 진짜 모습을 이해해 줘야 합니다. 그러면 자녀 앞에서 뭐가 뭔지 모르게(나도 모르게) 행동했던 모습들이 조금씩 명확히 드러납니다.

이때 배우자와 함께 해결하는, 서로 돕는 자세가 필요합니다. 구체적으로 배우고, 연습하고, 노력하는 시간이 필요합니다. 공들여 노력하는 과정만으로도 나의 부모와는 전혀 다른 부모가 됩니다. 만약 부부가 이런 공유가 힘들다면 짧게라도 양육 상담을 받아서 각자 자신의 양육 태도를 이해하고 자녀를 올바르게 돕는 방향을 찾아가는 법을 배우는 것이 좋습니다.

흠이 없는 완전한 부모가 되려고 자신을 채찍질하기보다는 어제보다 오늘 한 발 나아가는 부모가 되려는 노력을 훌륭하다고 봐주세요. 시행착오의 시간들이 이어져도 답을 찾기 위해 노력하는 과정에서 경험을 통해 깨달음이 쌓이고 부모 효능감은 반드시 높아집니다. 무엇보다 '이 정도면 나도 좋은 부모지. 아이 앞에서 아닌 척하지만 나도 떨고 있지'라고 힘겨워도 견뎌내고 있는 그 모습 그 자체가 참으로 숭고합니다. 그런 자신을 안아주세요.

세 번째 시간

부모 마음의 속사람 회복하기

부모 마음의 속사람 상태 점검하기

원가족 부모의 왜곡된 거울 이해하기

나라는 사람은 겉사람도 있고, 속사람도 있습니다. 겉사람은 남들이 보는 내 모습이고, 속사람은 나만이 아는 내면의 나입니다. 겉사람과 속사람이 얼마나 일치할까요? 완전 일치는 불가능하지만, 맞지 않는 부분이 많다면 심리적 혼돈으로 마음의 병을 갖기 쉽습니다. 혹은 속사람을 전혀 알아차리지 못하고 살 수도 있는데, 이는 가장 소중한 나를 제대로 모르고 사는 것입니다.

그렇다면 나의 속사람은 어떻게 만들어질까요? 속사람은 '과거의 나'가 만들어온 나입니다. 혼자 나를 만드는 사람은 없고 부모가 어떻게 나를 대하고 반응해 주었는지, 또는 친구나 선생님 등이 나를 어떤 태도로 대했는지에 따라 속사람이 만들어집니다. 그들의 반응은 나를 비추는 거울이 되는데, 그들이 비춰준 나를 그대로 받아들이면서 속사람을 만듭니다.

부모와 건강한 관계를 경험했던 사람은 부모가 되어 밤새 뒤척이는 아기와 씨름하며 고단한 시간을 겪으면서 '우리 부모도 나를 이렇게 키웠겠구나' 싶어 부모의 노고에 새삼 감사하게 됩니다. 건강한 부모 밑에서 잘 자란 자녀는 시간이 흐를수록 부모의 사랑을 더 크게 느끼면서 자신 또한 그런 부모를 닮아가려 노력합니다. 그리고 받은 사랑을 자녀에게 다시 흘려보냅니다. 이것이 부모 사랑의 선순환적 모습이죠.

하지만 모두가 같은 생각을 갖는 건 아닙니다. 부모가 되고 보니 내 부모는 왜 그렇게밖에 하지 못했는지 원망하는 마음을 갖는 이도 있습니다. 그 부모는 자녀에게 크든 작든 상처를 준 것이고, 마땅히 받았어야 할 사랑과 관심, 돌봄을 받지 못한 자녀는 외상 후 스트레스를 겪기도 합니다. 부모가 남긴 상처는 자녀의 자아상에 흔적을 남기고, 자녀에게 잘못된 거울 역할을 하게 되지요.

비벌리 엔젤(Beverly Engel)은 자녀에게 해를 끼치는 부모의 모습을 일곱 가지로 정리했습니다. 먹고살려고 바빠서 자녀에게 소홀했던 부모, 이혼 등으로 자녀와 만나지 않거나 함께 살아도 자녀의 심리적 요구를 거부하는 정서적 유기를 보이는 부모, 정서적으로 자녀와 동일시하면서 자녀의 모든 삶에 개입하고 간섭하며 소유하려는 부모, 지나치게 지시적이고 통제하는 등 학대가 의심되는 폭군적인 부모, 매사 뛰어나기를 요구하며 결점을 인정하지 않는 완벽주의자 부모, 지나치게 냉정하고 비판적이어서 자녀에게 쉽게 수치심을 주는 언행을 하는 부모, 자녀보다 자신이 더 중요해서 본인 중심으로 사는 부모입니다.

비벌리 엔젤은 이 일곱 가지 유형의 부모가 '왜곡된 거울'이 되어 자녀를 존중받고 사랑받는 존재가 아닌, 뭔가 문제가 있는 존재로 여기게 만드는 비뚤어진 모습을 비춰주었다고 주장했습니다. 자신의 주관적인 가치 판단으로 인해 자녀를 있는 그대로 인정하지 않고, 자녀가 스스로 뭔가 잘못되었다고 느끼게 하는 상처를 주었다고 보았죠. 어린 시절부터 꾸준히 만나게 된 비뚤어진 자아상은 자녀에게 깊은 상처가 됩니다. 그런 경험이 반복되면서 속사람은 점점 왜곡되어져 갑니다.

부모가 바쁘다는 이유로 방치되거나 방임된 자녀는 '난 사랑스럽지 않아'라는 거울로 자신을 봅니다. 이런 자녀는 사랑받기 위한 치열한 삶을 살려고 하지요. 부모를 대신해서 부모가 해야 할 일을 하는 등 열심히 살아야 부모가 자신을 사랑해 줄 것이라 여기며,

부모의 사랑에 의존하고 매달리는 깊은 골이 생깁니다. 혹은 부모도 날 사랑하지 않는데 누가 날 사랑해 주겠냐며 다른 사람들과의 관계에서 정서적 유대감을 형성하지 못하는 경우도 있습니다.

부모와 접촉이 없거나 심리적으로 유기된 자녀는 '난 가치 없는 존재'라는 거울로 자신을 봅니다. 이들은 무의식적으로 자신을 하찮은 존재로 여겹니다. 원치 않게 부모와 떨어져 있었거나, 함께 있어도 함께했다는 느낌을 갖지 못한 자녀는 늘 부모 혹은 좋아하는 누군가가 자신을 떠날 것이라는 불안감에 사로잡혀 있습니다. 그러다 보면 사람이나 일에 대한 강박이 생기고, 문제가 생기면 자기 때문이라고 여기며 깊은 자기 혐오에 빠지곤 합니다.

부모의 정서적 간섭을 많이 받은 자녀는 '난 엄마 아빠가 없으면 아무것도 못해'라는 거울로 자신을 봅니다. 부모가 과잉보호하거나 사사건건 간섭하면 자녀는 자라야 할 자아가 성장하지 못하면서 혼자 하려는 의지를 키워가지 못합니다. 개별성을 인정받지 못한 자녀는 자신이 진짜 뭘 원하는지 알지 못하게 됩니다. 그러면 자신의 생각을 주장하기 어려워 수동적인 행동을 하게 되고, 누군가가 자신을 이끌어주기를 바라면서 지배적인 성향의 사람을 만나게 될 확률이 높습니다.

부모의 통제적이며 폭군적인 모습을 자주 경험한 자녀는 '난 힘이 없어'라는 거울로 자신을 봅니다. 부모의 힘에 억압당한 자녀는 부모처럼 지시적이거나 강압적인 사람 앞에서는 쉽게 긴장합니다. 웃어른이나 상사에게 겉으로는 상당히 잘하면서 속으로는 혹시 자신을 위협하지 않을까 긴장하는 일이 많지요. 그들 앞에서 못하거나 실수하는 등의 무능력한 모습을 보이는 것이 두려워 새로운 일을 시도하는 것이 무척 힘듭니다.

완벽하길 바라는 부모의 요구와 잔소리에 시달린 자녀는 '난 결코 잘할 수 없어'라는 거울로 자신을 봅니다. 이들은 부모로부터 긍정적인 평가를 받아본 적이 없어서 스스로를 부정적으로 평가하고, 자신의 능력에도 자신감이 없습니다. 항상 잘해야 인정받을 수 있다는 생각에 무엇이든 잘해야 한다는 강박에 사로잡히기도 하지요. 이런 자녀는 능력이 없는 것이 아니라 심리적 불안이 높아 실제 수행이 떨어지는 경우도 많습니다.

부모의 비난과 비판을 받아온 자녀는 '난 내가 부끄러워'라는 거울로 자신을 봅니다. 부모의 비난이나 비판은 때로는 자녀에게 깊은 수치심을 줍니다. 비난이 담긴 부모의 언행을 접할 때마다 자녀는 자신을 실패작으로 여기게 되어 매사 움츠러들게 되지요. 누군가를 만나도 실패하는 모습만 보일 것이 두려워 사람을 피하기도 합니다. 혹은 참다가 폭발하여 크게 화를 내며 공격적인 모습으로 돌변하기도 합니다. 자신을 보호하는 마지막 수단인 것이지요.

부모의 자아도취적인 모습을 보아온 자녀는 '난 중요하지 않아'라는 거울로 자신을 봅니다. 자기중심적인 부모는 자녀가 느끼고 생각하는 것보다 자신의 생각이 더 옳고 중요하다고 여기고, 자녀도 자신과 똑같이 생각하고 느낄 것이라고 확신하는 경우가 많습니다. 하지만 자녀는 자신의 개별성을 인정받기 힘들고, 또 자신이 중요하게 여기는 것을 부모는 마음에 들어하지 않아 무시되기 일쑤여서 많이 혼란스럽습니다. 자녀는 자신이 뭘 원하는지 정확하게 알지 못하게 되어 자신을 이해하는 것이 힘들어집니다.

이렇게 부모가 보여준 왜곡된 거울로 인해 자녀에게는 잘못된 자아상이 만들어지고 마음속 깊이 저장됩니다. 기억조차 하지 못하거나, 또는 기억하고 싶지 않아 지워버린 어린 시절 의식 밖의 나는 고스란히 자신의 속사람이 됩니다. 앞 장에서도 부모가 경험하는 많은 고통의 감정이 원가족 부모가 보여준 왜곡된 거울로 만들어진 속사람이 그 원인이었음을 이야기했지요.

조용히 눈을 감고 나의 어린 시절 부모가 보여준 모습 중 힘들었던 경험을 떠올려보세요. 그 모습을 간략하게 단어로 적고, 그 단어와 관련된 이야기를 생각해 봅시다. 나의 부모는 어떤 거울이었나요? 그 거울을 보며 나는 어떤 속사람을 만들었나요? 이제 나의 속사람을 솔직하게 만나야 할 때입니다.

2

부모 마음의 속사람 마주하기

상담을 하면서 다양한 인간관계에서 오는 여러 가지 어려움을 접하는데, 가장 큰 갈등은 가족관계에서 오는 경우가 많습니다. 타인은 일정 거리가 있어서 자신을 보호할 수 있는 최소한의 공간을 줍니다. 그리고 타인과의 관계는 선택이죠. 내가 원하는 바에 따라 관계를 유지할 수도 있고, 끊을 수도 있습니다. 하지만 가족은 그렇지 않죠. 내가 싫어도 평생 함께 가야 하는 관계입니다.

여러 가지 이유로 관계가 어긋난 부부는 이혼을 통해 결별을 선택할 수 있습니다. 하지만 부부 관계는 끝나도 부모로서 상대를 인정하는 건 평생 가지요. 그래서 이혼은 반쪽의 헤어짐입니다.

제일 힘든 관계는 부모-자녀 관계일 것입니다. 내가 부모를 선택한 것이 아니듯 자녀도 내가 선택한 것이 아니지만 함께 살아야 하는, 말 그대로 '운명 공동체'입니다. 대부분의 부모는 자신과 맞지 않는다고 여겨지더라도 내 자식이니까 잘 키워야 한다는 책임감으로 자녀를 돌보려 애씁니다. 하지만 아무리 자식이라도 맞지 않는 사람과 함께 지내는 것이 어찌 쉬울까요. 자녀와의 문제로 상담실을 찾는 부모의 얼굴에는 그늘이 짙게 드리워져 있곤 합니다.

심리적 고통은 누구에게나 있습니다. 하지만 어떤 이는 작은 심리적 고통에도 크게 괴로워하고, 어떤 이는 큰 심리적 고통에도 의연합니다. 심리적 고통은 괴로움과는 다릅니다. 마음먹기에 따라서 고통 속에서도 얼마든지 원하는 삶을 살 수 있다는 얘기죠. 그러기 위해서는 고통을 바라보는 관점을 바꾸는 것이 우선되어야 합니다. 고통은 피하고 차단하려고 애쓸수록 부재의 고통, 즉 실재의 고통 때문에 참여하지 못하는 활동으로 인해 생기는 고통이 있기 마련입니다. 자녀가 부모랑 맞지 않아 힘들다고 문제를 외면하면 잠시 고통에서 벗어나는 기분은 들어도 자녀와의 문제를 제대로 돌보지 않는다는 불편한 감정이 올라옵니다. 또 자녀와의 문제가 더 심각해지기도 하지요.

따라서 고통에 대한 올바른 태도는 '수용'입니다. 누구에게

나 있는 자연스런 고통을 피하지 말자는 말입니다. 자녀를 키우면서 생기는 다양한 문제에 대해서도 힘들지만 적극적으로 받아들여야 합니다. 그리고 심리적 고통을 일으키는 감정을 인식하려는 노력이 필요하죠. 심리적 고통이 느껴질 때는 도망가지 말아야 합니다. 자꾸 피하다 보면 나중에는 심리적 고통과 비슷한 어떤 신호만 와도 도망가려는 회피 반응이 나타납니다. 잠시라도 그 불편한 감정에 머물러보세요. 예를 들어, 자녀가 뜻대로 되지 않아서 불안해질 때 '난 괜찮아'라고 방어하지 말고 '많이 불안하구나'라고 나의 감정을 인식하는 것입니다.

자신의 감정을 인식하고 포용하는 것은 속사람과 친해질 수 있는 방법입니다. '아이에게 이렇게 화가 나다니. 남들은 다 아무렇지 않게 지내는데 왜 나만 유별나게 이런 감정을 느끼지?'라는 생각이 든다면 일단 그 생각을 멈추세요. '이건 부모로서 옳은 생각이 아니야'라거나, '아이보다 내 마음만 생각하다니 난 너무 이기적이야'라는 식의 자신에 대한 부정적인 평가를 멈춥니다. 자녀를 위해 부모가 계획하고 준비하는 마음이 잘못일 리 없습니다. 단지 자녀가 부모의 뜻에 부합하지 않을 때 자녀를 바라보는 반응이나 통제적인 양육 태도가 잘못된 것이지요. 그것을 알았다면 자녀를 위한 효과적인 방법을 찾아 나가면 됩니다.

그런데 그동안 사용해 왔던 반응이나 양육 태도를 바꾸기가 쉽지 않지요. 이런 반응은 나의 오래된 경험, 나의 부모와의 관계에서 일어난 수많은 내적 사건을 통해서 나를 보호하기 위해 만든 것이기 때문입니다. 한편으로 그 방식이 아니면 부모가 어떤 모습이어야 할지 그려지지 않아 불안하고요. 그럼에도 내가 온전히 나다운 모습으로 건강하게 자녀를 키우기 위해서는 나의 속사람이 어떤 통제를 사용하며 살아왔는지 알아내려는 노력이 필요합니다. 앞서 언급한 원가족 부모의 왜곡된 거울이 어떤 유형인지 알아보는 것도 좋은 방법입니다.

다른 사람의 말에 신경 쓰듯 속사람이 하는 말에 귀 기울여야 합니다. '지금 나는 내게 무슨 말을 하고 있나?' 부정적인 사고에 매여서 헤어 나오지 못하는 경우는 속사람의 비판자 목소리에 집중되어 있기 때문입니다. 제이슨 루오마(Jason B. Luoma, 2012)는 "언어가 언어로서 그 순간에 관찰될 수 있고, 우리는 마음의 노예가 되기보다는 마음이 무엇을 말하는지를 바라볼 수 있다"고 말했습니다. 그러면서 속사람의 비판자 목소리를 끊어낼 수 있어야 한다고 강조했습니다.

물론 비판자 목소리가 다 나쁜 것은 아닙니다. 내면의 건강한 비판자는 사회적으로 도덕적인 사람이 되도록 돕습니다. 자신만을 생각하기보다는 함께 살아가는 데 필요한 규율과 결과를 알려주지요. 우리가 경계해야 할 목소리는 자신을 공격하고 심판하는 비판자 목소리입니다. 이룰 수 없는 목표를 강요하는 소리, 실수나 실패에 대해 매몰차게 비난하는 소리, 타인의 성공과 계속 비교하는 소리, 잘한 적 없고 앞으로도 결코 원하는 것을 제대로 이룰 수 없다고 절망하는 소리 등입니다.

속사람이 내는 비판자 목소리는 원가족 부모나 내게 의미 있던 사람들이 주었던 말이지요. 그들은 내 곁에서 더 이상 그런 말을 하지 않지만 속사람은 그런 말에 길들여졌고, 이제는 자녀에게 그런 말을 하는 사람이 되도록 만들고 있습니다. 속사람은 생각을 조종하고, 원치 않는 감정과 행동을 반복하게 만듭니다. 자신이 원치 않는 것이기에 내가 아닌 누군가가 나를 괴롭힌다는 느낌을 계속 받으며 마음이 힘겨워집니다. 심지어 행복하고 즐거운 일이 생기는 순간에도 그럴 자격이 없다는 듯 또다시 속사람의 비판자 목소리가 울려와 불안한 상태로 자신을 몰고 갑니다. 이를 깨치는 것이 고통을 바르게 보고, 반복되는 불편한 감정의 고리를 끊는 길입니다.

3

부모 마음의 속사람 목소리 변별하기

마음에는 빛과 그림자가 공존합니다. 빛이 강하면 그림자도 짙지요. 열심히 살려고 노력하는 사람일수록 실패에 대한 강한 두려움이 존재할 수 있습니다. 건강한 마음 상태를 위해서는 빛처럼 드러나는 감정 뒤에 숨겨진 어두운 감정 또한 인식해야 합니다. 그런데 우리는 그림자 감정을 알고 싶어 하지 않습니다. '나약한 감정이다', '그건 틀린 감정이다', '그렇게밖에 못 느끼는 어린아이 같다' 등 그림자 감정에 대한 부정적인 소리가 있기 때문입니다. 속사람의 건강하지 않은 비판자 목소리죠. 하지만 그림자 속에 숨겨진 감정을 몰라주면 어느 순간 그 감정이 나를 압도하게 됩니다.

감정은 판단의 대상이 아닙니다. 감정은 있는 그대로 느껴야 합니다. 매일 아침 하루의 날씨를 살피듯 오늘 내게 찾아온 감정의 날씨를 맞이하는 연습이 필요하고요. 맑은 날처럼 기분 좋게 느껴지는 감정이든, 뒤덮인 안개처럼 두렵고 답답한 감정이든 그대로 느끼며 바라볼 수 있어야 합니다.

그렇다고 '감정=나'는 아닙니다. 우울한 감정이 찾아올 수는 있지만 '우울한 나'가 되는 건 아니라는 거죠. 화난 감정이 생길 수는 있지만 '화난 나'가 될지 아닐지는 나의 '선택'에 달려 있습니다. 감정을 느끼는 것과 감정의 나로 행동하는 것은 다르기 때문이죠. 따라서 감정과 그것을 느끼고 반응하는 나를 분리해서 보려고 노력해야 합니다. 그래야 무작정 감정에 이끌려서 선택하는 감정적인 행동을 줄여나갈 수 있습니다.

나를 괴롭히는 사람에게 아무 말도 하지 않으면 그 사람은 계속 나를 우습게 여기고 괴롭힙니다. 내게 함부로 대하는 사람은 적절히 거절하고, 더 이상 선을 넘지 못하도록 단호하게 행동해야지요. 마음속 비판자도 마찬가지입니다. 내가 반응하지 않고 피하기만 하면 쫓아오면서 나를 괴롭힙니다. 역시 단호한 자세가 필요합니다. 그러기 위해서는 나를 객관화시켜 보는 연습을 해야 합니다. 먼저 나의 속사람을 친구처럼 대합니다. 그리고 속사람이 하는 말에 귀 기울입니다. 속사람이 건강한 비판자의 목소리를 내는지, 아니면 병적인 비판자 목소리를 내는지 구별하고요. 장녀 콤플렉스가 있던 필자는 '내가 잘돼야 한다', '내가 형제를 잘 챙겨야 한다', '이기적인 아이가 되어서는 안 된다', '남들 앞에서는 늘 의젓해야 한다' 등의 목소리가 늘 괴롭혔습니다. 마음속 비판자 목소리는 건강한 비판을 통해 성장을 이끄는 부분도 분명 있습니다. 하지만 비판의 정도가 심하면 다른 사람의 시선을 신경 쓰고, 늘 위축되어 있죠. 책임져야 할 부분이 많아지면 쉽게 부담을 느껴 도망가고 싶어지고요.

건강하지 못한 마음속 비판자 목소리에서 벗어나려면 그 소리에 반박하는 말을 할 수 있어야 합니다. '됐어, 그만해!', '그런 말은 거짓말이야! 난 더 이상 네 소리에 안 속아', '그건 내 목소리가 아냐, 엄마 아빠가 나를 잘 모르고 그렇게 불렀을 뿐이야. 난 더 이상 그런 소리에 안 속아!' 하고 당당하게 거부하는 말을 해야 합니다. 비벌리 엔젤은 마음속 파괴자에게 더 이상 나를 조종하도록 두지 않겠다고 큰 소리로 선언하라고 강조했습니다. "너도 알았으면 좋겠는데, 난 이 싸움에서 이길 거야. 더 이상 네가 나를 조종하게 놔두지도, 내 행복을 파괴하게 두지도 않을 거야!"라고 대화하라고 안내합니다.

하지만 이런 대화가 시작되었다고 바로 마음속 비판자 목소리가 사라지지는 않습니다. 싸움은 어쩌면 이렇게 맞서고 난 뒤부터 본격적으로 시작되죠. 반박하는 목소리를 낼수록 마음속 비판자 목소리도 어디 해보라는 듯 더 버티는 느낌이 들 것입니다. 노력해도 여전히 자신을 괴롭히거나 망치는 행동도 나타나 스스로 실망도 하고요. 하지만 싸움에서 물러서지 않고 맞설수록 마음속 비판자 목소리는 점차 힘을 잃고 작아질 것입니다.

진짜 중요한 일은 마음속 비판자 목소리가 작아지는 것에서 멈추는 것이 아니라 바꾸어 나가는 것입니다. 비판자의 목소리가 아닌 '격려자'의 목소리로 바꾸는 것입니다. 그러기 위해서는 자신을 바라보는 관점이 바뀌어야 합니다. 마음속 비판자의 목소리로 긴 세월 고통받아 왔던 나에 대해 연민을 갖고 수용하는 마음이 필요합니다. 그리고 '난 지금 이 정도도 충분해', '난 최선을 다하고 있어', '지금 이 모습 이대로도 난 참 괜찮은 사람이야' 등으로 맞서서 나를 위로하는 말을 해보세요. 이런 자기 수용이 있을 때 병적인 마음속 비판자도 힘을 잃어갈 것입니다.

4

부모 마음의 속사람 위로받기

마음이 힘들어질 때는 나의 속사람이 느끼는 마음을 알아차리지 못할 때입니다. 그리고 속사람이 마음속 비판자 목소리에 휘둘릴 때죠. 힘들어진 마음을 알아차리지 못하면 괜히 짜증이 나고 자신을 괴롭히는 행동을 더 하게 됩니다. 목적도 없이 인터넷을 헤매거나 유튜브 등을 넋 놓고 보며 시간을 허비하고, 게임에 빠져 밤낮이 바뀌고, 고민을 잊고 싶어서 매일 술을 마시고 필요하지 않은 물건을 사는 등 다양한 중독 현상이 나타납니다. 또 괜히 가족을 괴롭히며 탓하거나 자기 기분을 풀려고 합니다.

이때 가장 쉬운 피해자는 바로 자녀입니다. 자신의 의사를 제대로 표현하기 어려운 영유아, 아동기 자녀는 부모의 감정받이가 될 우려가 높습니다. 특히 감정 변화가 심한 부모는 어떤 날은 자녀에게 잘해주지만, 또 어떤 날은 자녀에게 화를 내고 소리치며 짜증을 냅니다. 잘해주는 날은 속사람의 마음이 편안할 때이고, 화내는 날은 속사람이 병적인 비판자 목소리로 신경질적 상태가 되어 있기 때문입니다. 이때 쏟아져 나온 거친 말은 고스란히 자녀의 마음속 목소리가 됩니다. 그러면 자녀는 부모의 부적절한 모습을 보면서 원망과 분노가 생겨 부모와는 정반대의 사람이 되려 합니다. 하지만 한편으로는 새로운 방향을 찾지 못하고 부모와 똑같은 모습으로 사는 자녀도 있습니다. 둘 다 부모에게 받은 마음속 비판자 목소리에 병든 모습입니다. 자녀가 이렇게 되기를 바라나요? 이 악순환의 고리를 끊기 위해서는 부모인 나를 바르게 알아야만 합니다.

나를 바르게 알아가기 위해서는 먼저 자기 위로의 시간이 필요합니다. 차분한 마음으로 나의 속사람을 느껴보는 시간을 갖는 것입니다. '나의 속사람은 지금 무슨 말을 하고 싶은 것인가?', '나의 감정과 속사람은 어떤 소리를 내고 있나?' 하고 관심을 가져주세요. 그 어떤 감정이든 따뜻하게 바라봐주세요. 나를 깎아내리고 괴롭히는 마음속 비판자 목소리가 들린다면 크게 반박해 주세요. 그리고 나에게 힘이 되는 말을 건네주세요. 짧은 위로의 말도 좋습니다. 좋아하는 격언이나 성경, 불경 등도 좋습니다. 마음속 혼돈이 심할수록 격려와 위로가 되는 말이 필요합니다.

그런데 나 혼자만의 위로로는 여전히 버거울 때가 많습니다. 그때는 나를 위로하는 누군가가 필요한데, 배우자가 그 첫 번째가 될 수 있습니다. 결혼 전에는 대부분 부모가 그 역할을 해주지만 결혼 후에는 자연스럽게 배우자로 우선순위가 바뀝니다. 따라서 누군가가 일방적으로 참고 맞춰 사는 것이 아니라, 서로가 심리적으로 의존과 돌봄의 역할을 나누면서 건강한 관계를 유지해야 행복한 결혼 생활을 할 수 있습니다.

자녀도 그 역할을 할 수 있습니다. 아이의 재롱이나 건강하게 성장하는 모습, 품에 안긴 아이의 따뜻한 온기, 때로는 잠든 아이의 모습에서도 부모는 마음의 안정을 찾지요. 자녀가 갖고 있는 건강한 에너지는 그 존재만으로도 부모에게 위로가 되고, 희망이 되어 줍니다.

부모가 되고 나니 자녀와 비슷한 연령대를 키우는 친구나 이웃이 더 편할 때가 있습니다. 이야기를 나누다 보면 지금 나의 고민과 고통이 나만 겪는 일이 아님을 알게 되고, 가볍게 다룰 마음도 생깁니다. '기쁨은 나누면 배가 되고, 슬픔은 나누면 반이 된다'는 말도 있잖아요. 좋은 친구와 이웃이 곁에서 건강한 삶의 태도를 보여주는 것도 훌륭한 치유가 될 수 있습니다. 아픔을 위로받는 것뿐만 아니라 그들의 건강한 모습에 영향을 받고 새로운 에너지를 만들어 갈 수 있기 때문입니다.

마음에 맞는 사람이 없다면 자연에게 흘려보내는 것도 방법입니다. 반려동물을 돌보거나 사시사철 변화하는 자연 속에서 시간을 가지며 감정을 흘려보내는 거죠. 아니면 누군가를 도와주거나 봉사활동을 해보는 것도 좋습니다. 어떤 방법이든 나의 속사람을 해치는 감정이 고이지 않도록 노력해 주세요. 언제나 가장 중요한 것은 나를 돌보는 것임을 잊지 말아야 합니다.

네 번째 시간

나를 둘러싼 관계 다시 만들기

1

문제가 있다면 자신을 먼저 살피자

어떤 부모도 자녀와의 관계가 소원해거나 갈등으로 불편해지는 것을 원치 않습니다. 많은 부모가 자녀 양육에서 여러 가지 어려움을 토로하는데, 그 근원에는 자녀와 잘 지내고 싶은 마음이 있습니다. 하지만 현실은 그렇지 못하여 자녀 앞에서 자신의 감정을 조절하지 못해 버럭 화를 내고는 자책하곤 하지요. '내가 이 정도 사람이었나' 싶어 자신의 모습에 자괴감도 듭니다.

정현이 엄마는 자신은 원래 침착하고 화도 낼 줄 모르는 사람이었다고 말했습니다. 남에게 싫은 소리 들을 행동도 하지 않아서 남편과도 원만하게 잘 지냈다고요. 하지만 아들이 태어나면서부터 엉망이 되어가고 있다고 말했습니다. 예민하고 고집스런 아이의 모습에 힘이 들었고 화를 내는 일이 많아졌다고요. 어느 순간 아들이 자신을 찾으면 가슴부터 뛰고 답답하게 느껴졌답니다. 그러면서 변해버린 자신이 한심하고 우울해진다고 하소연했습니다.

건영이 엄마는 자녀에 따라 달라지는 자신의 마음이 힘겹다고 합니다. 큰아들과는 잘 지내왔는데 둘째 딸이 태어나면서 자녀 둘을 돌보는 일이 벅차기 시작했습니다. 특히 딸아이는 먹는 것이나 자는 것 모두 까다로워 육아가 아니라 전쟁을 치르는 것 같았습니다. 자기 뜻대로 되지 않으면 떼를 쓰기 일쑤여서 매번 아이에게 끌려가는 기분도 들었습니다. 아들과는 단 둘이 있어도 마음이 편한데, 딸아이와는 둘이 있으면 마음이 떨리고 힘겨워져서 단 둘이 있는 것을 피하게 된다고 솔직한 마음을 털어놓았습니다.

두 사례는 부모가 잘못일까요, 자녀가 잘못일까요? 상담실을 찾는 대부분의 부모는 누군가에게는 문제가 있다고 생각합니다. 하지만 이런 관점은 부모 자신을 자책하게 만들거나, 자녀를 원망하게 할 뿐입니다. 물론 객관적인 문제 여부를 알아보는 과정은 중요합니다. 부모의 심리적·신체적 문제나 자녀의 발달 문제 등 구체적 원인이 있을 때는 부모나 자녀 개인의 집중 치료가 우선되어야 하니까요. 하지만 객관적인 문제 여부가 없을 때는 부모와 자녀의 문제를 누군가의 탓으로 보기보다 서로의 기질 차이에서 기인한 것이라 보는 편입니다. 까다롭고 어려운 자녀만 있는 게 아니라, 지나치게 엄격하고 기대수준이 높고 감각에 예민한 부모도 있습니다. 까다로운 자녀로 인해 부모가 지치듯 까다로운 부모 때문에 자녀가 버거울 수 있다는 말입니다.

그리고 부모와 자녀의 갈등은 '관계'의 문제일 가능성이 더 많습니다. 관계는 서로 어떻게 상호작용하며 반응하느냐에 따라 질이 달라집니다. 부모가 예민하고 완벽한 성향이어서 자녀가 힘들지 않을까 싶어도 큰 문제 없이 지내는 관계가 있습니다. 반면 자녀가 기질상 상당히 까다로워 힘든 아이임에도 부모가 큰 갈등을 느끼지 않고 잘 지내는 경우도 있고요. 부모의 성향이나 자녀의 기질 등은 옳거나 잘못된 것이 아니라 서로 조화롭게 맞춰가는 것입니다. 둘의 합이 가장 중요한 거죠. 노력하지 않아도 쉽게 부모와 자녀가 마음이 통하는 경우도 있고, 아무리 노력해도 왠지 어려운 경우도 있는데, 후자일 때 부모도 자녀도 힘겹습니다.

자녀를 사랑하는 마음은 같아도 관계를 맺는 방식은 부모마다 다를 수 있습니다. 자녀에게 가까이 다가가는 것을 힘들어 하는 부모도 있고, 애정 표현이 전혀 어색하지 않은 부모도 있습니다. 부모의 애정을 표현하는 다양성이 부모-자녀 관계의 다양성을 만듭니다. 이때 가장 힘든 경우는 아이를 원래 좋아하지 않는 부모인데, 원하지 않았던 임신부터 바라던 성별이 아닌 경우, 심지어 아이 때문에 자기 인생이 구속되었다고 느끼는 부모도 있습니다. 이러한 부정적 마음은 자녀를 달가워하지 않고 기꺼이 다가가는 것을 어렵게 만들어서 관계는 당연히 소원해집니다.

그렇다면 자녀와 잘 지내려면 어떻게 해야 할까요? 먼저 자녀와의 일상을 살펴봐야 합니다. 일상에서 보이는 부모-자녀 사이 상호작용의 질과 양이 친밀감 정도를 형성합니다. 특히 아이가 어릴 때 안정 애착을 형성하기 위해서는 상호작용이 절대적으로 필요한데, 이때 일정 시간 자녀에게 집중하여 관계를 맺는 시간은 필수입니다. 서로 상호작용하며 함께 보낸 시간이 쌓여 자녀와의 관계에서 친밀감과 신뢰를 형성할 수 있기 때문입니다. 부모와 안정 애착이 형성되었다는 말은 결국 자녀의 마음에 부모에 대한 애정과 신뢰가 뿌리내렸음을 의미합니다.

부모-자녀의 관계는 자녀가 타인과 관계를 맺는 데 기준이 됩니다. 타인도 부모와 같을 것이라 기대하고 부모와 관계를 맺은 방식으로 타인을 대하기 때문입니다. 그래서 부모와 좋은 관계를 경험하면 타인과 관계를 맺는 데 자신감을 갖지만, 반대로 부모로부터 일관성 없고 무심한 관계를 경험하여 불안정 애착이 형성된 자녀는 타인과의 상호작용을 어려워하거나 집착하는 왜곡된 양상을 보일 수 있습니다.

정현이 엄마는 자녀 양육도 업무처럼 생각했습니다. 육아도 업무처럼 계획하고 진행하면 잘될 것이라 생각했습니다. 그런데 아이는 어리지만 자기주장과 욕구가 강해 부모의 계획과는 다른 모습을 보였죠. 또 정현이 엄마는 아이가 감당하기 힘든 과제나 수행을 바라는 모습도 보였습니다. 그러다 보니 아이는 노는 시간보다 늘 뭔가를 해야 하는 프로그램에 묶여 있었고, 부모와 함께하는 시간이 절대적으로 부족했습니다. 이후 아이와의 관계 회복을 돕기 위해 아이의 눈높이에 맞춰 상호작용하며 노는 시간을 규칙적으로 6개월 이상 꾸준히 진행하여 애착도 다시 만들어갔습니다.

건영이 엄마는 직장도 다니면서 육아도 해야 하는 상황이었습니다. 큰아이는 그런 엄마의 일정에 잘 맞춰줘서 큰 문제를 못 느꼈으나, 딸은 끊임없이 엄마를 찾았습니다. 첫째와 다른 모습에 건영이 엄마는 늘 쫓기듯 보내야 했고, 급기야 둘째를 자신을 괴롭히려는 아이로 여겼습니다. 하지만 평가를 통해 알게 된 사실은 놀라웠습니다. 첫째는 엄마의 애정을 받고자 부모의 요구에 맞춰온 모습이고, 둘째는 엄마의 애정을 적극적으로 구애하는 모습이었습니다. 자신과 좋은 관계라고 여겼던 첫째에게 더 문제가 있음을 알고 많이 놀랐고, 오히려 갈등은 있었지만 둘째가 더 아이답다는 것을 이해하게 되었습니다. 건영이 엄마 역시 자녀들과 보내는 최소한의 시간을 확보하여 자녀와 관계 맺는 법을 다시 배워갔습니다.

두 사례처럼 부모-자녀의 관계에서 문제가 있다고 여겨지면 부모부터 자신을 살피고 들여다봐야 합니다. 이는 무조건 부모에게 문제가 있다는 말은 아닙니다. 부모가 먼저 자녀와의 관계에서 왜 문제가 생기는지, 어떤 부분에서 문제가 생기는지 관찰해야 한다는 뜻입니다. 그리고 그 불편함이 현재 자녀가 만든 것이 아니라 부모 자신이 이미 경험했던 과거의 상처가 영향을 주는 것일 수도 있음을 염두에 두어야 합니다. 그러면 지금 현재를 살아가는 자녀를 나의 모습이 아닌 있는 그대로 바라보면서 건강한 부모-자녀 관계를 만들 수 있습니다.

2

사춘기 아이,
어른-아이의 관계가 되어야 한다

연령에 따라 상담실을 찾는 이유도 다른데, 중학생은 자기 문제에 대한 도움보다는 부모에 대한 답답함을 호소하는 경우가 많습니다. 그래서 때로는 자기 성장을 목적으로 하기보다는 상담을 통해 부모에게 자기 의사를 전달하려는 경우도 있습니다. 그럼에도 이런 아이들을 그냥 지나쳐서는 안 되는 이유는, 부모에게 자신을 알리려는 간절함만큼 좌절되었을 때 튀어오르는 반동의 공격이 만만치 않기 때문입니다. 그래서 서로의 관계를 조율할 방법을 찾아가면서 불안정한 사춘기의 모습을 달래주어야 합니다.

중학생인 해성이는 상담실에 오자마자 부모에 대한 불만을 쏟아놓았습니다. 자신은 부모에게 사랑을 받아본 적이 없다고 했습니다. 자신이 잘하면 당연하게 여기고, 못할 때는 끝없는 잔소리가 쏟아진답니다. 부모에게 칭찬이란 걸 들어본 적이 없다며 자식에게 따뜻한 말 한마디 건네는 것이 그렇게 어렵냐며 눈물을 지었습니다.

반면 해성이의 이런 호소에 부모는 어처구니없어 했습니다. 자신은 부모와의 약속을 하나도 지키지 않으면서 부모에게는 모든 것을 요구하는 이기적인 아이라며 분개했습니다. 부모도 사람인데 요구만 많고 해야 할 일은 하나도 하지 않는 아이를 어떻게 좋게 바라볼 수 있느냐며 반문했습니다.

이렇게 상담 과정에서 자녀와 부모가 팽팽한 신경전을 보이는 경우가 종종 있습니다. 자녀가 자기중심적이고 고집스러운 기질일수록 부모와 충돌합니다. 그런데 자녀가 고집스럽다는 것은 부모 중 적어도 한 사람은 같은 기질일 가능성이 높습니다. 그래서 더욱 서로 부딪히는데, 부모가 자녀를 보면서 반면교사(反面教師)해야 하는 이유이기도 합니다.

보통 성인은 의견 차이를 보일 때 하나를 양보하면 상대도 하나를 양보하리라 기대하고 균형감을 맞춰가며 관계를 만들어갑니다. 그런데 부모와 자녀는 이렇게 관계 맺기가 어렵습니다. 아이들은 관계의 균형감을 배워가는 과정이기에 아직 미숙하기 때문입니다. 물론 기질에 따라 다른 사람을 살피고 양보하는 것이 편한 아이들이 있지만, 나이가 어릴수록 양보하고 배려하는 모습을 마냥 기뻐할 수는 없습니다. 자기 것을 주장해야 하는 아이가 그렇지 않은 모습을 보이는 이유가 자발적인 조절에 의한 것인지, 아니면 부모를 두려워하며 착한 아이 모습을 가정한 것인지 구별해야 합니다.

반면 어릴 때부터 자기 의견이나 주장이 중요한 아이가 있습니다. 이런 자녀가 힘들다고 느끼는 이유는 자기 기준과 생각이 잘 굽혀지지 않아 늘 부모가 지는 기분이 들기 때문입니다. 부모 역할을 제대로 하지 못한다고 괴로워하며 자녀와의 관계도 꼬여갑니다.

기질과 상관없이 자녀는 자신의 의견이나 생각, 감정을 표현하는 능력과 타인과 조율하며 맞춰가는 조절 능력을 동시에 배울 수 있습니다. 이는 후천적으로 습득되는 것으로, 고집이 센 아이는 그렇지 않은 아이보다 신경 쓸 게 많을 뿐이지 습득하지 못하는 것은 아닙니다. 다만 고집스런 자녀에게 가르칠 때는 강압이 아닌 스스로 하고자 하는 마음이 생기도록 유도해야 합니다.

고집스런 자녀조차도 아동기까지는 부모의 말을 어느 정도 들으려는 모습이 있어서 부모가 크게 힘겹지는 않습니다. 영아기부터 아동 전기까지는 부모의 힘이 더 우위라고 느껴 고집스런 아이도 자기 기질을 숨기는 경우가 대부분입니다. 생존 욕구로 인해 부모 말에 순응하는 행동을 보이는 것이지요. 그러다 자아가 점점 발달하면서 사춘기가 시작되면 이전과는 다른 태도를 보입니다. 이런 변화의 포인트를 부모가 잘 읽어내는 것이 중요합니다. 이때 부모가 자녀를 어떻게 대하느냐에 따라 부모에 대한 모습도 더 거칠어질 것인지 혹은 유순하게 넘어갈 것인지, 오랫동안 저항할 것인지 혹은 단기간의 반항으로 끝날지 등이 달라집니다.

해성이네처럼 자녀는 부모에 대한 원망이 많고, 부모는 자녀에 대한 불만이 높은 이들의 갈등 관계는 어떻게 풀어가야 할까요? 부모는 자녀의 행동을 더 이상 참아주지 않겠다고 합니다. 아이도 배려를 배워야 하고, 똑같이 당해보면서 상대 기분도 알아야지 언제까지 부모만 참아야 하느냐고 항변합니다. 부모의 말이 틀리진 않았습니다. 그런데 부모와 자녀의 관계가 주도권을 갖고자 서로 고집을 피우는 모습이 되는 것은 건강하지 않지요. 이런 상황에서 자녀는 부모의 말을 전혀 귀담아듣지 않기도 하고요.

미성년 자녀는 아직 미숙합니다. 자녀가 성인처럼 행동하기를 기대하기보다 미숙한 만큼 물러나주고 기다려주는 모습을 보여주세요. 아이 때문에 내가 죽겠다고 느껴지면 오히려 내 문제에 집중해서 나를 돌보는 게 더 필요합니다. 부모가 건강해야 자녀를 잘 키울 수 있잖아요. 이 점은 아무리 강조해도 지나치지 않습니다. 자녀에게 양보가 되지 않는다면 왜 그런 자녀를 수용하기 힘든지를 살펴야 합니다. 자녀의 기질 탓으로 문제를 쉽게 일단락 짓지 말라는 얘기입니다. 그러는 순간 부모는 편견으로 자녀를 대하게 되고, 자녀는 결국 부모의 생각대로 자랄 수밖에 없거든요.

부모-자녀 관계는 어른-어른의 관계가 아닙니다. 어른-아이의 관계가 자녀를 키우는 동안 이어지는데, 문제가 되는 건 어른이 아이가 되거나 아이가 어른의 모습이 되기 때문입니다. 즉 아이-아이 관계 또는 아이-어른(어른과 아이가 서로 역전된 모습)의 관계가 되기도 합니다. 예를 들어, 부부 사이가 좋지 못하면 자녀를 두고 삼각관계가 되기도 합니다. 배우자 편을 드는 자녀를 보면 부모도 삐치죠. 부모가 무엇 때문에 화가 났는지 모르는 자녀는 부모의 애정이 사라진 상황이 두려워 불안정한 상태가 됩니다. 이때 부모에게 떼를 쓰며 싸우는 아이도 있고, 반대로 부모의 눈치를 보며 오히려 부모의 기분을 풀어주려고 착한 행동을 하는 아이도 있습니다. 이러한 상황은 전자는 아이-아이의 관계, 후자는 아이-어른의 관계입니다.

미성년 자녀를 키우는 시기의 부모-자녀 관계는 철저히 어른-아이의 관계가 되어야 합니다. 자녀가 부모의 마음을 헤아려서 어쩌다 부모를 위로할 수는 있으나 부모가 자녀의 마음을 헤아리는 수준보다 넘어서면 부모는 아이 역할을 하고 있는 것이지요. 그래서 부모는 자녀보다 더 큰 마음을 가져야 합니다. 하지만 자녀를 기다리고 품어주고 헤아려야 하는 마음의 품이 생각만큼 쉽게 커지는 것은 아니니 부모 되기가 힘든 것이지요.

자녀와 부딪히는 게 많은 부모는 자녀로 인한 상처가 이미 많습니다. 그래서 부모도 자녀를 곱게 보기 힘들죠. 상처를 준 자녀에 대한 분노가 부정적 평가로 이어지면서 자녀에 대한 편견이 생길 수밖에 없고요. 부모에 대한 불만을 쏟아냈던 한 아이의 간절한 마음에도 절대 구부러지지 않는 부모에 대한 원망이 있었습니다. 아이는 자신의 실수도 감싸주고, 먼저 미안하다거나 고맙다고 따뜻하게 말해주는 부모를 원했습니다. 자녀와의 관계를 고민하는 부모라면 자녀를 위해서 기꺼이 물러나주고, 자녀 앞에서 져주어도 수치스럽게 느끼지 않는 어른이 되어보는 건 어떨까요.

3

인간관계의 원형인
자녀와 부모의 관계

자녀를 키우면서 전에는 경험하지 못한 상황과 감정을 만납니다. 내가 낳았지만 소통도 힘든 신생아를 대하는 것부터 난감하고 힘겨울 수 있습니다. 그래서 아기가 너무 사랑스러운 부모도 있지만 버겁고 무섭게 느끼는 부모도 있습니다. '이러면 안 되는데' 하면서도 불편한 감정을 떨쳐내기 힘들지요.

영유아기까지는 큰 문제가 없어도 아동기 혹은 사춘기 자녀의 문제 행동이나 상황을 접하면서 무의식에 가라앉아 있던 나의 모습이 불쑥 나타나기도 합니다. 자녀를 통해 그 모습이 크게 지각되고 그동안 억압되었던 두려움이 의식되면서 고통은 배가 되지요. 그러면 자녀에게 집착하며 혹시 자녀가 나처럼 힘들지 않을까 지나치게 우려하기도 합니다. 자녀가 뭔가 불편해 하면 자녀보다 더 불안해 하고, 자녀에게 화를 내거나 짜증을 내면서 자녀의 행동이나 상황을 바꾸려 합니다.

부모가 자녀를 통해 느끼는 여러 감정은 원가족 부모와 관련이 있습니다. 자녀를 낳고 키우면서 부모의 마음을 헤아리기도 하고, 감사한 마음이 뜨겁게 올라오기도 합니다. 그런데 이런 마음보다 원가족 부모에 대한 원망과 불만, 섭섭함이 떠올라 괴로운 부모도 많습니다. 어릴 때 부모와 함께 살지 못한 이는 자녀를 보면 측은한 마음이 가득해집니다. 부모의 잦은 싸움을 보고 자란 경우에는 자녀 앞에서는 싸우는 모습을 보이고 싶지 않다며 무조건 참기도 하고요. 또 어릴 때 가난해서 힘들었던 이는 자녀가 원없이 누렸으면 하는 마음에 물질 공세를 하기도 합니다.

이렇게 원가족 부모와의 관계를 토대로 자녀에게 정반대로 행동하는 부모가 있는가 하면, 똑같은 양육 태도를 반복하는 부모도 있습니다. 늘 잔소리하는 부모 때문에 힘들었는데 그 역시 자녀를 쫓아다니며 잔소리합니다. 부모에게 칭찬이나 격려를 받지 못하고 자랐으면서 자신 역시 자녀에게 하는 칭찬은 낯부끄럽기만 하고, 자녀의 잘못이나 실수는 바로 지적합니다. 원가족 부모가 보여주었던 양육 태도가 무엇이든 대물림되어 나의 양육 태도가 되어버립니다.

집단 상담에서 만난 도환이 엄마는 남편과 양육 태도의 차이로 갈등이 많았습니다. 그녀의 부모는 학창 시절 늘 일등을 강요했는데, 그것이 무척 힘들었던 도환이 엄마는 자녀에게는 공부하라는 말을 하고 싶지 않았습니다. 아직 어린데 벌써부터 공부에 대한 스트레스를 물려주고 싶지 않았거든요. 그런데 남편의 생각은 달랐습니다. 내년에 초등학교에 갈 나이이니 적절한 학습이 필요하다고 강조했습니다.

집단 상담을 진행하면서 도환이 엄마는 어릴 적 자신이 받은 상처를 다시 돌아보고 치유의 시간을 가졌습니다. 그리고 자녀의 연령 발달에 맞춰 학습이 필요하다는 사실을 수용했고요. 남편에게도 자신이 부정적이었던 원인을 이야기하고 이해받으면서 갈등도 많이 완화되었습니다.

상담에서 자주 강조하는 말은 나와 부모와의 관계는 대물림될 수 있다는 점, 그렇지만 동시에 나는 원가족 부모와는 다른 부모가 되어 자녀와 다른 관계를 만들 수 있다는 점입니다. 그러기 위해서는 원가족 부모와의 관계에 대한 통찰, 생각 바꾸기, 그것에서 벗어나려는 노력이 있어야 합니다. 또 부모가 자신의 성향을 이해하면서 자녀의 특성에 맞춰 어떻게 대응해 주고 반응해 주면서 양육하느냐가 부모-자녀 관계의 핵심임을 강조합니다. 이는 부모의 욕구를 무조건 누르고 자녀와 관계를 맺으라는 말이 아닙니다. 생애 초기에 가까울수록 부모가 맞춰줘야 하지만 자녀의 연령이 높아지면서 서로 조율해 가는 모습으로 바뀌어야 합니다. 부모-자녀의 관계는 저절로 이루어지는 것이 아니기 때문입니다.

부모가 원가족이나 절친 등 가까운 사람들과 어떻게 관계를 맺어왔는가가 자녀와의 관계를 예측하는 데 도움이 됩니다. 특히 초기 양육자와 안정 애착이 형성된 부모는 자녀와 관계를 맺는 데 어려움이 없습니다. 자녀를 부담스러운 존재나 짜증 나는 대상으로 느끼지 않지요. 하지만 부모가 불안정 애착을 경험한 경우에는 자녀에게 마음을 주기가 어렵습니다. 머리로는 소중한 존재임을 알지만 자녀를 돌보는 일이 자연스럽게 받아들여지지 않고, 자꾸 나를 괴롭히고 방해하는 존재로 여겨집니다. 이런 마음이 자녀에게 미안하지만, 부모 자신도 잘되지 않으니 아이와 함께 있는 공간이 힘들게 느껴집니다. 이러한 마음으로 독박 육아의 상황에 놓인다면 점점 무력감, 우울감에 빠져들기도 하지요. 이때는 부모에게 문제나 잘못이 있는 것이 아니라 건강한 부모 돌봄의 모습을 배우지 못했기 때문입니다. 그래서 부모-자녀 관계에서 애착 형성을 잘하려면 먼저 나의 애착이 어떠했는지 알고 배우는 노력부터 시작하면 됩니다.

부모가 자신의 애착 정도를 알아보려면 원가족 구성원과의 관계 양상을 점검해 보면 도움이 됩니다. 관계는 적당하게 가까우면 됩니다. 이는 나와 상대가 서로 인정하고 존중받는 친밀한 관계입니다. 관계 문제에는 아주 가깝거나 융합된 관계, 거리가 먼 관계, 갈등 상황인 관계, 소원 또는 단절된 관계(융합-친밀-적당한 거리감-갈등-소원-단절)가 있습니다.

그 양상은 회피, 자기 방어, 정서와 욕구의 억제로 나타납니다. 회피는 진짜 중요한 문제나 갈등을 다루지 않고 피하는 모습을 말합니다. 자기 방어는 잘못이나 실수 등을 인정하지 않고 남 탓을 하거나 다른 변명을 하는 모습입니다. '내가 언제 그랬어? 너 때문이지'라고 말하는 것은 적극적 자기 방어이고, '그렇지. 하지만…'이라고 말하는 것은 소극적 자기 방어입니다. 자기 방어를 하지 않으려면 '그렇구나'에서 멈춰서 자신의 모습을 돌아보아야 합니다. 마지막 정서와 욕구의 억제는 자신의 감정을 느끼고 드러내는 것이 어렵고, 내가 정확히 뭘 원하는지 모르거나 무조건 참는 모습입니다. 관계 문제의 핵심은 이 세 가지 양상을 어떻게 해결하느냐에 따라 다릅니다.

자녀와의 관계 회복이 너무 늦었다고 걱정할 필요는 없습니다. 지금이라도 부모가 관계를 회복하고자 노력하면 자녀는 반응하니까요. 미성년일수록, 연령이 어릴수록 자녀의 반응은 빠르고 변화도 쉽습니다. 다만 부모가 그런 작업을 혼자 하기 힘든 경우가 있습니다. 원가족과의 상처를 극복하려 애쓰지만 혼자 마음을 추스르기 힘든 경우가 있죠. 이때는 짧은 시간이라도 자신을 돌아보는 부모 상담을 권합니다. 자신을 진심으로 만나는 용기를 내고 도전한다면 건강한 부모-자녀의 관계를 만들어갈 수 있습니다.

4

가정의 관계는 부부 관계부터

이혼 상담을 하다 보면 연애나 결혼할 때 좋았던 상대의 성격이 이혼의 결정적 사유가 될 때가 있습니다. 왜 이렇게 된 것일까요? 연애 때나 결혼 초기에는 상대의 성향을 매력으로 보고 좋아합니다. 하지만 결혼 생활을 하고, 자녀를 키우면서 그 매력은 더 이상 관계의 동력이 되지 않는다고 느끼게 되는 거죠. 이때부터 필요한 것은 관계 능력입니다. 서로를 어떻게 존중하며 어떤 관계를 맺는지가 결혼 생활에서 중요해집니다.

결혼을 하고 부모가 되면 어쩔 수 없이 자녀를 돌보는 것을 최우선에 두고 지내야 하는 시기가 있습니다. 이 시기에 아이만 생각하는 아내에게 소외감을 느끼는 남편이 있고, 자녀 양육에 대한 두려움과 심한 스트레스를 겪으면서 남편에게 서운함을 갖는 아내도 있습니다. 자녀 앞에서 성숙한 성인으로 행동하기보다 부부가 아이처럼 자기를 먼저 보살펴주기를 바라면서 갈등이 생깁니다. 그 위기를 넘느냐, 못 넘느냐는 관계 능력에 달렸습니다.

이 외에 자녀를 키우면서 드러나는 양육 태도 또한 부부 갈등의 원인이 됩니다. 한 사람은 자유롭게 키우기를 원하는데, 한 사람은 규칙적인 생활 습관을 키우는 것이 중요하다고 생각한다면 매순간 갈등이 일어나지요. 아이는 대개 자신을 자유롭게 풀어주는 부모 편에 서다 보니 다른 부모는 배우자와 자녀로부터 따돌림당하는 느낌을 받을 수 있습니다. 이처럼 양육 태도가 극명하게 다른 것은 서로의 양육 경험이 다르고 성향이 달라서입니다. 처음에는 서로의 다른 점을 좋아했지만, 그 차이가 자녀 양육에 영향을 미치면 부부간 갈등의 원인이 되기도 하지요.

어디 자녀뿐일까요? 양가 부모님과 친밀도가 지나쳐서 일어나는 시댁이나 처가 문제도 생각보다 많습니다. 남편이나 아내 모두 부모를 떠나 독립적인 가정을 이루어야 합니다. 그러기 위해서는 각각 원가족 부모와 거리를 두면서 가장 가까운 관계로 부부 관계를 만들어가야 합니다. 물론 자신의 부모에 대해 배우자가 부정적인 말을 하면 편할 사람은 없지요. 하지만 부부는 자신의 의견을 주장하거나 관철시키는 관계가 아니므로 서로의 생각을 들어주고 어떤 점을 그렇게 느꼈는지 객관적인 입장을 취하면서 이야기하는 태도가 필요합니다. 간혹 원가족 부모에 대한 대화를 꺼리는 사람도 있는데, 서로의 가정에 대한 이야기가 금기시되거나 비밀이 되는 것 또한 투명하게 의사 소통을 하는 데 방해가 되므로, 배우자에게 상처가 되지 않는 범위에서 이야기를 나누면 좋겠습니다.

부부는 같기보다는 다른 점이 훨씬 더 많은 관계이므로 부부 간 갈등을 줄이기 위해서는 세심한 노력이 필요합니다.

첫째, 서로의 역할을 당연하다고 여기지 말아야 합니다. 당연하다고 여기면 해도 감흥이 없고 하지 않을 땐 화가 납니다. 당연한 것이 아니라고 여기면 안 해줘도 덜 서운하고, 해주는 매 순간이 고맙게 생각됩니다.

둘째, 관계의 깊이는 함께한 시간의 양이 아니라 관계의 질에 있습니다. 직장 생활하랴, 자녀 키우랴 바쁜 일상에 부부라고 늘 함께할 수 있는 건 아닙니다. 하루에 단 30분이라도 함께하는 시간에 배우자를 존중하고 배려하는 마음을 갖도록 노력해 주세요.

셋째, 결혼 생활은 자녀 중심보다 부부 중심이어야 합니다.

부부의 건강한 관계는 앞으로 자녀가 만들어갈 관계의 좋은 롤 모델이 됩니다. 따라서 자녀 교육에 건강한 부부의 모습보다 중요한 것은 없습니다.

넷째, 부부 싸움을 시작했다면 반드시 마무리 단계를 거쳐야 합니다. 살면서 갈등이 없는 부부는 없지요. 간혹 부모가 싸우는 모습을 자녀가 보았다면 동시에 화해하는 모습도 보여주어야 합니다. 부모의 싸움만큼 자녀에게 두려움을 주는 것은 없습니다. 하지만 자녀가 부모가 어떤 이유로 다툼이 있었지만 언제든 문제를 해결해 나가는 과정을 지켜본다면, 그래서 부모가 싸워도 헤어지지 않는다는 확신이 생기면 더 이상 부모의 싸움에 두려움을 갖지 않습니다. 평소에도 가족의 연대감을 느낄 수 있는 활동을 주기적으로 계획한다면 건강한 관계를 유지하는 데 도움이 됩니다.

다섯 번째 시간

부모다운 모습 준비하기

1

좋은 부모라는 환상을 벗자

아이를 잉태하는 순간부터 모든 부모는 좋은 부모를 꿈꿉니다. 하지만 자녀를 키우는 만만치 않은 시간은 그 기대에 자꾸 흠집을 내지요. 자신의 모습이 꿈꾸던 좋은 부모에서 멀어지는 경험이 계속되면 '에라 모르겠다, 좋은 부모는 무슨…' 하며 부모로서의 상도 기대도 놓아버리게 됩니다. 혹은 반대로 좋은 부모가 되지 못할까 봐 지나치게 전전긍긍하며 자녀에게 작은 문제라도 생기면 자신은 좋은 부모가 아니라며 스스로를 괴롭히기도 하고요.

당신이 '좋은 부모' 상에 매어 있는지 아닌지에 대한 간단한 테스트를 해볼까요? 먼저 원가족 부모를 떠올려보세요.

나의 부모를 좋은 부모라고 말할 수 있나요? 부모의 나쁜 점을 말할 수 있나요? 나는 배우자와 그런 이야기를 나누는 것이 부담스러운가요? 만약 나의 부모를 좋은 부모라고 보지 않는 경우 나는 좋은 부모가 되려고 노력하고 있나요? 그런 노력 중에도 내가 나쁜 부모의 역할을 할 수도 있음을 알고 있나요? 나쁜 부모는 절대 되어서는 안 된다고 여기나요?

원가족 부모에 대한 자기 객관화가 없으면 나의 부모를 전적으로 좋게 혹은 나쁘게 인식하고 자녀에게 과잉 보상하게 되어 건강한 부모 역할을 방해합니다. 흔히 좋은 부모라면 무조건 다 품고 아이와 잘 지내는 사람 등으로 이해하기 쉬운데, 자녀에게 절대적으로 좋은 부모도 나쁜 부모도 없습니다. 사람이기에 불가능하지요.

나의 부모가 좋기도 하지만 나쁘다고 느끼기도 하고, 이를 누군가에게 객관적으로 이야기할 수 있듯 자녀 앞에 선 내 모습도 마찬가지여야 합니다. 자녀도 나를 좋아할 수도 있고, 싫어할 수도 있습니다. 항상 좋아하기를 바라는 것도 정상적인 기대는 아닙니다. 그렇다고 나쁜 부모상을 가졌는데도 이를 방치하라는 말은 아닙니다. 자녀에게 나쁜 모습을 보여줄 수도 있다는 점을 인식하고, 이를 변화시키겠다는 태도를 갖는 것이 더 중요하다는 뜻입니다. 따라서 좋은 부모라는 상 앞에서 좌절하고 포기하기보다는 '조금씩 성장하는 부모'로 목표를 설정한다면 어떨까요?

불완전한 인간이 할 수 있는 최선은 어제보다 나은 오늘을 위해 조금씩 노력하며 사는 모습이고, 부모로서 그렇게 사는 모습이 건강한 삶의 태도라 믿습니다. 그래서 '이 정도면 괜찮은 부모다'라는 평이면 충분하지 않을까요.

2

부모가 버려야
비로소 보이는 자녀

자녀의 성격은 부모의 유전자로 만들어진 기질과 더불어 양육 환경에서 어떤 자극과 경험을 상호작용하였느냐에 따라 결정됩니다. 따라서 어느 누구도 똑같은 사람은 없고, 사람마다 다양한 빛깔을 품고 있습니다. 나의 자녀가 어떤 빛깔을 품고 있는지 탐색하고, 이를 더욱 빛나게 하는 것이 바로 자녀 양육의 길일 것입니다. 이를 위해서는 편견 없이 자녀를 바라보아야 하겠지요.

소와 사자의 사랑에 대한 이야기가 있습니다. 소와 사자는 서로 사랑했습니다. 그래서 소는 자신이 가장 좋아하는 풀로 사자를 대접했고, 사자는 소를 사랑했기 때문에 먹기 힘든 풀을 참고 먹었습니다. 사자 또한 자신이 좋아하는 고기로 소에게 맛있는 음식을 해주었습니다. 소도 사자를 사랑했기 때문에 먹기 싫은 고기를 먹었지요. 하지만 이렇게 참는 것도 한두 번이고, 시간이 지나면서 둘은 힘겨워졌고 결국 헤어졌습니다.

사자와 소는 진심으로 사랑했지만 사랑의 방식에 문제가 있었습니다. 자신이 좋아하는 것을 상대방도 좋아할 것이라는 잘못된 프레임으로 상대방을 대했기 때문입니다. 사랑한다면 서로 배려해야 한다고 생각해서 상대방에게 싫다는 말을 하지 못하다가 갈등의 골이 심해지면서 결국 헤어지고 만 것입니다.

부모도 마찬가지입니다. 부모가 좋아하는 방식으로 자녀를 대하지만, 자녀는 차마 거절하지 못해 부모의 방식을 따르고 있지는 않은지 생각해 봐야 합니다. 부모의 틀이 자녀와 잘 맞으면 문제가 아닌데, 그렇지 않은 자녀에게는 고통일 테니까요. 내 옷이 아닌 옷을 입고 살아온 아이는 언젠가는 불만을 표출합니다. 자신의 자아가 갈수록 작아지면서 존재의 위협을 느끼기 때문입니다. 이를 다양한 문제 행동으로 보이는 자녀가 있고, 자신을 표현하는 데 미숙한 자녀는 무기력하고 불안해 하는 모습을 보이기도 합니다.

승민이 부모님은 규칙적인 생활 습관과 시간 약속을 가장 중요하게 여겼습니다. 하지만 승민이는 늘 학교에 아슬아슬하게 도착했고, 학원은 5~10분 정도 늦는 걸 당연하게 생각했습니다. 숙제도 제대로 해가는 일이 없어 학교나 학원에서 수시로 연락이 왔고요. 승민이 부모님은 약속을 지키는 것은 사회생활의 기본인데, 이를 지키지 못하는 승민이가 어떻게 사람들로부터 신뢰를 얻고 살아갈지 걱정이었습니다. 그래서 끊임없이 잔소리를 하며 승민이를 바꾸려고 애썼습니다. 하지만 승민이는 '아직 안 늦었어. 내가 알아서 간단 말이야'라는 말로 반박했지요. 승민이 부모님은 이런 태도를 그냥 보고만 있을 수 없어서 더욱 다그쳤고, 승민이와의 갈등은 갈수록 커져갔습니다.

승민이 부모의 방식이 잘못된 것은 아닙니다. 부모가 생각하는 규칙적인 생활 습관이나 약속 이행은 사회에서 요구하는 것은 맞지만, 흔히 말하는 자유로운 영혼의 아이에게는 규범이 구속처럼 느껴질 수도 있지요. 이런 자녀에게는 무조건 비난할 것이 아니라, 규범을 이해시키는 과정이 필요합니다. 자녀의 모습을 '옳다', '틀리다'라는 잣대로 판단하기보다 자녀의 기질이나 성격을 이해하는 것이 먼저라는 이야기죠. 그리고 자녀의 행동을 '잘못'으로 규정하기보다 '약점'으로 보고 도와주어야 합니다. 약점은 도움이 필요한 영역이지 비난이나 비판의 대상이 아니잖아요.

또 고집 센 아이는 부모의 방식을 완강히 거부하고 따르지 않습니다. 고집 센 아이는 스스로 옳다고 생각할 수 있는 시간이 필요한데 무조건 따르라는 식으로 접근하면 저항감에 더욱 문제 행동이 나옵니다. 이때 결코 자녀와 결투를 해서는 안 됩니다. 결투는 둘 중 하나는 죽어야 끝나는 게임이니까요.

서로 물러나지 않은 관계에서는 누가 먼저 이해해 줄 것이냐가 관건입니다. 보통 부부 간 갈등은 상대의 의견을 존중하고 타협점을 찾으라고 조언하는데, 이는 어른이기에 가능합니다. 하지만 자녀는 다르죠. 어릴수록 타협점을 찾기가 힘듭니다. 따라서 자녀의 마음을 수용해 주는, 다시 말해 부모가 먼저 자녀를 헤아리고 이해해 주는 포용 전략을 써야 합니다. 이 전략도 자녀의 연령에 따라 범위나 강도가 달라지는데, 영아일 때는 백퍼센트이지만 유아기에 들어서면서 무조건적 포용은 줄여가야 합니다.

사람은 계속 변합니다. 오늘의 마음과 생각은 과거의 것과 달라져 있고, 미래는 또 어떻게 달라질지 모릅니다. '그때는 옳았고, 지금은 틀렸다'는 말이 있지요. 내가 옳다고 생각한 양육 태도가 돌이켜보면 잘못이었던 적도 있지 않나요?

누군가를 안다고 함부로 속단도 말고, 이해하려고 노력하면서 다가간다면 그 마음이 잘 전달될 것입니다. 자녀도 마찬가지입니다. 내가 낳았지만 아이 역시 독립된 인격체로 성장하고 있습니다. 자녀가 성장하는 모습과 나아가는 길을 여유 있게 바라볼 수 있도록 노력해 보세요. 지금 당장은 지켜보기 어려울 수 있으나 자녀를 알아가려는 노력의 과정에서 길을 찾을 수도 있습니다. 멈춰야 보이는 길이 있듯 부모가 버려야 볼 수 있는 자녀의 모습이 있습니다.

3

부모가 반드시 알아야 하는 부모 역할

부모가 자녀를 키우면서 반드시 알아야 하는 것은 연령별 발달 단계와 과업이 있고, 각 연령에 따라 부모의 역할이 다르다는 점입니다. 발달에 필요한 과업이 적절한 부모 역할로 충족되면 다음 발달 단계로 수월하게 진행되며 자녀는 무리 없이 성장합니다.

0~15개월 연령에서는 애착 형성이 주요 과업입니다. 양육자와의 애정적·신체적 접촉 및 상호작용을 통해 양육자를 신뢰하며 의지하는, 즉 결속의 모습입니다. 부모에게 자녀는 그 존재 자체로 기쁨이지만, 사정에 따라 뜻하지 않게 부모가 된 사람 중에는 자녀

와의 관계 형성이 어려운 사람도 있습니다. 비록 원치 않았던 아이라도 부모가 의지할 수 있는 여유와 따뜻함을 보여준다면 자녀는 충분히 안전하다는 경험과 함께 부모에게 정서적 안정과 믿음을 갖게 될 것입니다.

15~36개월의 연령은 부모와 분리가 시작되면서 외부 세계에 대한 탐색을 시작합니다. 이때 부모가 자녀가 어려서 위험하다고 무조건 막는다면 적절한 발달을 이룰 수 없습니다. 이 시기 부모가 쉽게 범하는 잘못된 양육 태도가 바로 과잉보호입니다. 부모의 역할은 자녀가 하고 싶어 하는 행동 중 허용할 것과 방어할 부분을 명확하게 구분하고, 자녀에게 한계를 세워주는 일입니다.

이 시기 자녀가 탐험을 한다는 말은 자유를 원한다는 말이 아닙니다. 부모는 안전한 한계선을 제시해서 자녀가 편안하게 탐색하고 주변을 즐길 수 있게 도와야 합니다. 그러면 자녀는 '나는 안전하다'는 마음에 좀 더 적극적으로 주변을 탐색하며 호기심이 발달합니다. 이 건전한 호기심은 자녀가 이룰 학업 성과의 바탕이 됩니다. 따라서 이 시기의 부모는 자녀가 부모 곁을 벗어나서 세상을 알아보려는 태도(분리)를 격려해 주면서, 동시에 아직 미성숙한 부분이 많은 자녀가 세상이 어렵고 힘들다고 다시 부모에게 와서 붙으려 할 때(재결합) 편하게 부모에게 의지할 수 있도록 허용하는 게 중요합니다.

유아 전기는 자녀 스스로 원하는 행동을 추진하는 모습, 즉 주체성을 형성하는 단계입니다. 이때 '유아 반항기'라고 부를 만큼 고집 피우는 모습도 급격히 늘어납니다. 자녀가 자기주장을 보일 때 부모 말을 듣지 않는 청개구리로 여기지 말고, '자기 뜻이 강한 그대로의 너여도 괜찮다'는 메시지를 전해주어야 합니다. 그러면 자녀는 안정된 내면 세계를 형성하면서 건전하게 자신의 주장을 펼치는 방법을 배우게 됩니다. '나는 나로서 좋다'는 느낌을 가지며 주체성을 확립할 수 있고요.

또한 이 시기 유아는 양육자를 관찰하며 양육자의 행동을 모방하고 내면화합니다. 따라서 부모는 약속이나 사회 규범, 규율 등을 일관성 있게 지키는 모습을 보여주어야 합니다. 부모가 하는 모든 언행은 자녀에게 가장 중요한 교과서이기 때문이죠.

유아 후기는 배움의 즐거움을 알게 됩니다. 다양한 인지 활동도 가능해지는 이 시기에는 능력 획득이 중요한 과제입니다. 다양한 스포츠 활동을 어른처럼 즐기기도 하고요. 자녀가 소근육 활동 또는 대근육 활동 중 어떤 영역을 더 즐기는지, 또 언어적 재능과 수리적 재능 중 어디에 소질이 있는지 조금씩 보이기 시작합니다. 이 시기 부모는 자녀의 인지 활동에 대한 적절한 반영, 지도, 칭찬을 제공해 주어 자녀가 스스로 유능하다는 느낌을 갖고, 그 능력을 활동에 집중하려는 마음을 형성해 가도록 돕습니다.

아동기는 세상에 대한 관심이 커지면서 다양한 관계를 형성하고, 이를 통해 현실적인 대응 능력을 기르는 시기입니다. 학과목 외에도 배우는 예체능이 자녀의 잠재 능력을 키우는 데 도움이 됩니다. 아동기의 중요한 과업은 학교 입학과 함께 친구들과의 다양한 활동에서 즐거움을 경험하고 공감대를 형성하는 체험을 하는 것입니다. 특히 동성 친구와의 양적·질적 경험이 증가하면서 마음 맞는 절친도 생기지요.

이 시기 부모는 자녀가 친구들과 어울리는 기회를 꾸준히 갖고 관계 능력을 바르게 배워갈 수 있도록 도와야 합니다. 친구들과 관계를 형성해 가는 과정에서 안정적인 결속이 생기고, 동료나 다른 사람에 대한 배려심도 갖게 됩니다. 이 시기에는 긍정적인 또래 경험뿐만 시기, 질투, 분노 등의 감정이 만들어내는 따돌림, 왕따 등의 부정적인 경험을 하게 될 수도 있습니다. 이런 부정적인 경험의 강도를 잘 살펴 신속하게 치유해 주지 않으면 트라우마로 남아 타인과의 관계 형성에 어려움을 겪기도 합니다. 아동기 자녀의 관계 능력은 학업 능력만큼 중요한 과업이므로 부모가 세심하게 살피고 도와야 합니다.

청소년기는 친교가 가장 중요한 시기입니다. 이성 친구와의 교제도 시작됩니다. 부모는 자녀의 변화된 모습을 이해하고, 성적 관심이 높아지는 것에 대해서도 승인해 주는 태도가 필요합니다. 성인이 되는 것은 괜찮은 거다, 집을 떠나고 싶은 마음(가족과 분리해서 혼자 방에 있으려는 모습 등)을 보여도 괜찮다는 메시지를 주어야 합니다. 그러면 자녀는 가족에게 거리감이 생기는 것에 죄책감을 느끼지 않고, 친구 혹은 이성과의 친교에 건전한 관심을 가지면서 몰두하는 모습을 보입니다. 이러한 모습에 부모는 많이 섭섭하고 불안한 마음도 들겠지만, 자녀가 가족으로부터 건설적인 이동을 하여 건강한 성인의 기틀을 마련해 갈 수 있게 도와야 합니다.

처음부터 완벽한 부모는 없습니다. 매번 처음 경험하는 일이기에 당연히 서툴 수밖에 없지요. 하지만 부모가 몰라서 자녀에게 치명적인 실수나 잘못을 하는 것은 위험합니다. 자녀의 발달 단계를 알고 내 아이의 발달 곡선이 지금 어느 지점에 있는지, 부모 역할은 무엇인지 알아야 합니다.

4

놓치면 평생 후회되는 키워줘야 할 역량

자녀를 양육하는 데 시기마다 키워줘야 할 역량이 있습니다. 이를 순서대로 하나씩 발달시켜 나간다면 자녀는 어떤 비바람에도 쓰러지지 않는 아름드리나무가 될 것입니다.

신뢰(confidence)

영아기에 처음으로 형성되는 역량은 '신뢰'입니다. 안정 애착을 통해 자녀가 갖게 되는 역량이죠. 애착은 부모와 자녀 사이에 저절로 생기는 선천적인 현상이 아니라, 영아기 자녀가 양육자에게 의존하고 애정을 받는 구체적이고 실제적인 경험이 충분히 있어야 생깁니다. 애착은 자녀에게 신뢰감이 형성되도록 돕지요. 신뢰는 사회적 관계의 원형이 되어 부모-자녀 관계뿐만 아니라 친구, 이성, 배우자, 다음 세대의 부모-자녀 관계에까지 영향을 줄 수 있습니다. 또한 이때 형성된 신뢰는 세상에 대해 희망적 태도를 갖게 해서 힘들고 어려운 순간이 와도 극복할 수 있는 힘을 줍니다.

자율성(autonomy)

유아 전기에 반드시 길러야 하는 역량은 '자율성'입니다. 자율성은 하고 싶은 것이 있고, 그것을 해봄으로써 자기 존재감을 확인하는 역량입니다. 항상 자기 뜻대로만 살 수 있는 것은 아니지만 태어나서 일정 기간은 그렇게 존재해도 좋다는 긍정적 경험이 필요한데, 그 시기가 바로 유아 전기인 2~4세 때입니다.

이 시기 자녀는 여러 감각을 경험하려는 행동을 하는데, 이 모습이 부모 눈에는 안 좋게 보일 수도 있습니다. 좋아하는 음식만 먹겠다는 모습이 편식으로 보이고, 날씨에 맞지 않는 옷을 입겠다는 생각은 고집을 피우며 떼를 쓰는 것으로 보여 부모로서는 절대 수용하고 싶지 않습니다. 똑같은 책을 여러 번 읽어달라거나 같은 놀이를 끊임없이 요구하는 아이에게 지치다 못해 화가 나기도 하지요.

자녀의 자율성을 인정해 준다는 것은 자녀가 하고 싶어 하는 활동을 막지 않고 그냥 따라가 주는 것입니다. 이해되지도 않고,

부모에게 즐거운 경험이 아닐 수도 있지만요. 이때 주의할 것은 자녀의 자율성을 인정한다고 자녀가 원하는 모든 행동을 허용해서는 안 됩니다. 자녀에게 해가 되거나 위험한 행동은 절대 안 됩니다. 자녀는 아직 스스로 위험을 판단할 능력이 없기 때문입니다.

자율성이 형성된 아이는 자기 존재에 대한 자부심을 갖게 됩니다. 자신을 사랑하고, 그런 자신을 타인에게 알리기를 주저하지 않고, 타인이 자신을 알아주면 기뻐하지요. 반면 이 시기 자율성을 제대로 형성하지 못하고, 그 과정에서 상처를 받은 아이는 자신을 표현하는 데 어려움을 느끼고, 아예 원하는 것이 없다고 말하기도 합니다.

주도성(initiative)

유아 후기에 길러야 하는 역량은 '주도성'입니다. 자율성이 하고 싶은 것을 해봄으로써 존재감을 느끼기 시작하는 출발점이라면, 주도성은 원하는 활동이 좀 더 구체화되고 목표가 설정되면서 거기에 도달하는 도착점과 비슷합니다. 주도성을 배우는 시기에는 자녀의 요구도 좀 더 강해지고 좀처럼 물러설 기미를 보이지 않아 부모와 팽팽한 감정 흐름을 경험하기도 하지요.

이 시기에 부모가 자녀의 요구(나무블록 쌓기를 혼자 완성하려는 모습)나 하고 싶은 활동(가위로 작품 오리기)을 위험하다고 여겨 금

지시키거나 막을 수 있는데, 그러면 자녀는 자신의 행동이 뭔가 잘못됐다고 여기면서 자신감을 잃고 움츠러들어 부모 곁에 딱 붙어 지내려 합니다. 이런 부모의 태도가 과잉보호입니다. 주도성을 보이는 시기에 위험한 행동은 절대 해서는 안 된다는 식의 태도를 보이거나, 자녀가 혼자 실수나 실패를 경험하는 시간을 주지 않으면 자녀는 실패해서도 안 되고 위험한 것을 해도 안 되는 아이, 그러면서 부모를 기쁘게 하기 위해서는 늘 완벽해야 하는 아이가 될 수밖에 없습니다. 반대로 자기 책임을 회피하며 남 탓만 하는 아이가 되거나, 자기 책임이 될 만한 상황을 교묘히 피해가는 심리적 겁보가 될 수도 있습니다.

능력(ability)

건강하게 자란 아이는 유아기부터 주변에 대한 호기심으로 눈빛이 반짝거립니다. 몰랐던 세상을 배워가는 그 자체를 즐거워하는 아이도 있습니다. 이 시기에 이런 흥미가 보이지 않다면 부모가 이전의 과업(신뢰, 자율성, 주도성)을 제대로 하지 못한 채 자녀의 능력에만 관심을 보이는 게 자녀 입장에서는 압박이 되기 때문입니다.

자녀의 학업에만 관심 있고, 이를 통해서만 보상이나 조건부적 사랑을 보여주는 부모에게 어쩔 수 없이 맞춰가는 아이들이 많습니다. 학업을 통해 능력을 키워가는 과정이 자신에게 필요한 일이고, 중요하다고 느끼며, 부모가 요구하는 것에 자발적으로 순응한다면 내면화할 수 있습니다. 비록 부모의 압력으로 시작했어도 자기 것으로 받아들이는 과정을 통해 자기 수용이 이루어지는 거죠. 그러면 공부에 대한 내적 동기를 키워갈 수 있습니다.

학업이 싫어도 어쩔 수 없이 부모 말을 따르며 공부하는 경우도 있습니다. 자신은 원치 않지만 그렇게 하지 않으면 살아갈 방법이 없어서 억지로 따르는 모습이죠. 어느 순간 아이는 자기가 원치 않는 것을 따른다는 사실조차도 잊게 됩니다. 그래서 자신도 공부를 좋아하는 줄 알고 학업에 매진하다가 사춘기가 오면 갑자기 공부에 손을 놓아버리는 모습을 보입니다. 자신이 주도하지 않은 것은 설령 좋은 결과가 와도 내가 원한 게 아니기에 자기만족을 얻기 어렵고, 오히려 허무해질 뿐입니다.

반대로 부모가 자녀의 능력을 키워주는 데 무심하거나 그런 환경을 마련해 주지 않아 잠재력을 제대로 키워보지 못한 자녀는 어떻게 자신의 실력을 키워야 하는지 배우지 못했기에, 또는 적절한 지원을 받지 못하기에 학업이 어렵습니다. 그래서 학년이 올라갈수록 힘든 과업이라 여기며 회피하게 되지요. 학교에서는 능력이 부족한 아이로 평가받아 위축되고, 집에만 머무는 은둔형이 되기도 합니다. 또는 학업 외에 자신의 능력을 인정받는 것에 몰입하기도 하는데, 게임이 대표적입니다. 게임에 빠진 아이 중에는 정말 게임이 좋아서 하는 아이도 있지만, 게임에서는 그마나 자신이 뭔가 잘하는 아이로 비춰져 더 빠져들기도 합니다.

따라서 부모는 학업에서 점수를 올리는 능력만이 아니라, 자녀가 주체적인 사회 구성원으로 살아가는 데 필요한 능력을 기를 수 있도록 이끌어주어야 합니다. 그러기 위해서는 자녀의 적성도 알아보고 관련 진로도 함께 고민해야 합니다. 학교에서 진행하는 여러 가지 진로적성 검사와 커리어넷(www.career.go.kr)의 정보를 활용하거나 지역마다 있는 청소년 상담센터 등을 통해 도움을 받을 수 있습니다.

관계 능력

청소년기에 길러야 할 역량은 관계 능력입니다. 이 시기에 부모는 더 이상 자녀의 주 관심 대상이 아닙니다. 오히려 거리를 두고 싶어 하죠. 그래서 부모가 해줄 수 있는 건 정말 손에 꼽는데, 특히나 관계는 더욱 그렇습니다. 부모가 관심을 갖고 지켜봐야 하는 영역이지만 직접 개입하는 것은 어렵지요. 자녀의 친구가 마음에 안 든다며 사귀지 말라고 하거나, 불량스럽게 보인다고 외출을 막는다거나, 혹은 밖에서 자고 오는 자녀를 아무렇지 않게 내버려두는 일은 하지 말아야 합니다.

또 청소년기의 친구 간 갈등을 소홀히 여기지 말아야 합니다. 친구들 사이의 다툼은 모든 아이가 겪는 일이라고, 혹은 자녀가 말하지 않으니 별일 아니겠지 하며 쉽게 넘기지 말아야 합니다. 이 시기의 관계 문제는 자신이 어떤 사람인가를 고민하는 자녀의 자아 정체성에 절대적인 영향을 줍니다. 학업에도 어려움이 생기고요. 따라서 갈등에 적극적으로 대처할 내적 힘을 만들어주는 것에 부모는 관심을 가져야 합니다. 앞으로 자녀가 살아갈 사회에서는 업무 수행 능력뿐만 아니라 관계 능력, 공감 능력, 문제해결 능력이 있는 사람이 주목받기 때문입니다.

자녀마다 시기는 다르겠지만 부모가 좀 더 관심을 갖고 연령에 따른 과업이 잘 수행되고 있는지 지켜봐야 하는 때도 분명 있습니다. 때로는 우리 아이는 왜 이렇게 더디게 혹은 힘겹게 과업을 이행하는지 걱정스럽기도 하지만 걱정하지 마세요. 분명 이 또한 지나가고 다시 평온한 시간이 올 테니까요. 자녀의 발달이 조금은 느리게 흘러가고 있다면 좀 더 깊이 있게 자녀를 바라보고 이해하는 집중의 시간이 필요하다고 생각해 주세요.

여섯 번째 시간

부모 효능감
기르기

1

건강한
부모가 되자

부모는 자녀에게 좋은 부모가 되려고 노력합니다. 하지만 그 사랑을 표현하는 방식에 따라 자녀가 보기엔 나쁜 부모가 되기도 하지요. 당부하건데 좋은 부모, 나쁜 부모라고 말하기보다는 '건강한 부모'와 '나약한 부모'로 생각해 주세요. 그렇다면 건강한 부모는 어떤 모습일지 이야기해 볼까요?

건강한 부모는 부모다움을 잃지 않고, 자녀를 자녀답게 키우는 부모입니다. 그러기 위해서는 공감력, 관계 능력, 정보력, 변화 적응력이 필요하죠. 공감력은 자녀와의 소통 능력이고, 관계 능력은 자녀와 친밀한 관계와 건강한 경계를 세우는 능력입니다. 정보력은 빠르게 변화하는 시대에 발맞춰 자녀가 살아갈 미래를 읽어내는 능력입니다. 변화 적응력은 자녀가 살아갈 시대가 요구하는 역량을 갖출 수 있도록 돕는 능력이고요.

무엇보다 건강한 부모는 다양한 위기 상황에서도 객관적으로 문제를 파악하고, 다시 회복하기 위해 방법을 찾아나가는 부모 효능감이 높은 부모입니다. 자녀를 잘 알고, 문제해결에 대한 성공 경험이 쌓이면 부모로서의 만족감과 유능감이 생기는데, 이것이 부모 효능감입니다. 부모 효능감은 누구나 기를 수 있는데, 부모 역할을 돕는 전략, 즉 자녀를 이해하고 건강한 관계를 만드는 전략을 실천하는 과정에서 충분히 향상시킬 수 있습니다.

그럼 이제 건강한 부모가 되기 위해 필요한 양육 전략을 구체적으로 살펴보겠습니다.

2

부모 자신과 자녀를 안다

지피지기 백전백승 전략

지피지기(知彼知己) 백전백승(百戰百勝) 전략은 자녀와 싸워서 이기는 부모가 되라는 말이 아니라, 부모 자신과 자녀를 아는 것이 중요함을 강조하는 말입니다. 내가 낳은 자식이니 다 안다는 접근은 오만하고 경솔합니다. 나도 나를 잘 모르는데 타인인 자녀를 어찌 다 안다고 쉽게 말할 수 있을까요.

자녀를 잘 알기 위한 첫걸음은 '자녀 관찰하기'입니다. 관찰 대상은 자녀의 언어적·비언어적 표현, 신체와 마음의 건강 상태입니다. 언어적 표현은 자녀가 하는 말의 양이나 내용이고, 비언어적 표현은 표정이나 몸짓, 행동으로 전달하고자 하는 것입니다. 신체의 건강 상태는 외모 특성과 몸의 신호이고, 마음의 건강 상태는 기분과 그 기분의 정도 등이죠. 처음 한 달 정도는 자녀 관찰일지를 매일 작성합니다. 주요한 특성을 알게 되었다고 생각되면 이후에는 주요 사건이 생길 때의 모습을 관찰하면서 자녀의 기분이 상승하거나 가라앉을 때 보이는 특성도 파악합니다.

자녀 관찰하기 다음 단계는 '자녀의 욕구 이해하기'입니다. 사람이 말이나 행동을 통해 궁극적으로 얻고자 하는 것은 바로 자신의 욕구를 충족시키는 것이죠. 욕구는 마슬로우(Maslow)의 표현에 의하면 '필수 욕구'로 생리적 욕구, 안전과 보호의 욕구, 사랑과 소속의 욕구, 존중의 욕구가 있습니다. '성장 욕구'로는 지적 욕구, 심미적 욕구, 자아실현 욕구가 있고요. 생리적 욕구와 안전의 욕구는 '존재 욕구', 사회적 욕구와 존경의 욕구를 '관계 욕구', 자아 존중과 자아실현의 욕구를 '성장 욕구'로 설명하기도 합니다.

부모-자녀 관계에서 자녀가 기대하는 가장 대표적인 욕구는 애정 욕구, 인정 욕구, 의존 욕구입니다. 자신을 있는 그대로 사랑해 주는 애정 욕구, 자녀의 신념이나 능력을 믿고 긍정적으로 지지해 주는 인정 욕구, 힘들 땐 언제든 부모에게 의지하여 세상의 두려움 앞에 혼자가 아님을 확신하는 의존 욕구입니다.

가정에서 간단히 자녀의 욕구를 아는 방법은 자녀가 좋아하는 활동과 그렇지 않은 활동을 관찰해서 적어보는 것입니다. 더불어 자녀가 좋아하는 말과 행동은 무엇인지, 또 어떤 말과 행동을 싫어하는지도 관찰해 보세요. 이를 통해 자녀의 기본적 애정 욕구, 인정 욕구, 의존 욕구가 무엇이고, 그 충족 정도를 알아볼 수 있습니다.

마지막으로 '전문적 성격 검사'를 권합니다. TCI 기질 검사, MBTI 성격 유형 검사, U&I 성격 검사, 애니어그램 등 다양한 검사를 통해 부모와 자녀의 변하지 않는 기질을 알아볼 수 있습니다. 여러 검사에서 나오는 공통적인 기질을 수용하면 됩니다. 단 이 기질이나 성격 검사만으로 전체를 판단하지는 말아야 하는데, 아무리 훌륭한 성격 검사라도 그 사람의 모든 것을 온전히 담아내는 검사는 없기 때문입니다.

3

꾸준히
부모 역할을 배운다

'가랑비에 옷 젖다' 전략

"저는 언제쯤 제대로 잘할 수 있을까요? 교육을 받아도 매번 그 자리 같아요." 부모 교육에서 만나는 부모들의 하소연입니다. 잘하고 싶은데 잘되지 않아 답답하고 힘든 마음은 충분히 공감이 갑니다. 하지만 자녀 양육에 마술 같은 건 없어서 문제가 갑자기 나타났다가 갑자기 사라지지는 않습니다. 문제가 나타났다면 오래된 어려움이 서서히 수면 위로 올라온 것이고, 문제가 사라지는 데도 일정 기간의 치료 시간이 필요하죠.

부모라는 신대륙을 맞이하고 개척하며 사는 일은 한두 번의 교육을 통해 바로 깨달아지는 게 아닙니다. 하나를 알았다고 단번에 부모 역할에 자신감이 생기지도 않고요. 그래서 필자는 부모 교육을 진행할 때마다 참석하는 분들을 많이 칭찬합니다. 그리고 답을 찾기 위해 노력하는 부모의 간절함이 어느 순간 성장으로 이어지는 것도 자주 목도하고요. 하지만 안타깝게도 그런 변화가 쉽게 오지는 않습니다. 이렇게 열심히 부모 교육에 참여해서 배우는데도 왜 여전히 잘 안 되는지 모르겠다며 절망스러워하는 부모들에게 필자는 가랑비에 옷 젖듯 부모 역할을 배워가는 것이라고 이야기합니다. 지금은 변화가 미비해서 잘 보이지 않아도 꾸준히 배우고 실천하면서 성공 경험을 쌓아가다 보면 어느 순간 잘 해낼 수 있다는 자신감을 갖게 될 것이라고 말이죠.

부모 역할을 배우는 과정에서는 꾸준함과 반복이 중요합니다. 책이나 유튜브, 맘카페, 밴드 모임 등 다양한 채널을 통해 관련 정보를 얻거나 온오프라인 부모 교육에 참석해서 양육 방법 등을 배웁니다. 이 과정에서 나와 비슷한 고민을 안고 있는 다양한 부모를 만나 위로받고 지지받는 경험을 지속하다 보면 자신도 모르게 성장하면서 부모 효능감도 높아집니다.

또한 자녀 양육 방법을 한 번에 모두 배울 수는 없습니다. 자녀교육서를 한 번 읽었다고 양육 태도가 확 바뀌지도 않고요. 여러 번 읽으면서 내게 적용할 부분을 찾고 실천하면서 내 것으로 만드는 과정이 쌓여 습득하는 것입니다.

변화가 나타나는 데 걸리는 시간은 필수입니다. 애벌레가 번데기를 거쳐 나비가 되듯 시간이 필요하죠. 그러니 늘 제자리인 것처럼 자신을 자책하지 마세요. 하나씩 배워나가면 됩니다. 한 번에 다 바꾸려 하지 말고, 돌탑을 쌓듯 하나씩 성공 경험을 쌓아나간다면 높게 우뚝 선 부모의 형상을 만나게 될 것입니다.

4

육아와 나 사이에서 균형감을 유지한다

육라벨 전략

일과 삶의 균형을 찾는 '워라벨'이 중요하듯 육아와 나의 삶에서도 균형감이 필요합니다. 하지만 현실적으로 쉽지 않죠. 아이랑 있으면 화장실 한 번 편히 갈 시간도 없는데 어떻게 내 시간을 가지냐고 항의할 부모가 대부분일 것입니다. 충분히 이해합니다. 그럼에도 자녀를 양육하는 부모에게 나와 친해지는 시간은 무엇보다 중요합니다. 이때 시간은 양보다 질입니다.

육아와 나 사이의 균형감, 즉 '육라벨'은 자녀의 발달 시기마다 비율이 달라집니다. 부모로서 가장 힘든 때는 자녀가 태어나서 두 돌이 될 때까지죠. 부모 개인의 삶보다는 자녀를 보살피는 육아의 비중이 월등하게 높은 시기로, 이 시기에는 차라리 나는 잠깐 내려놓자고 마음먹는 게 오히려 현명합니다. 이 시기에는 내 것을 챙기기가 정말 어렵거든요. 따라서 배우자나 다른 보조 양육자의 도움으로 잠시 주말 외출 정도로 만족해야 할 수 있습니다.

유아 전기부터 초등 저학년까지는 보육이 중요해지는 시기입니다. 집단생활이 증가하면서 부모도 자기 시간을 어느 정도 확보할 수 있지요. 이 시기에는 부모의 신체적 피로를 관리하는 데 주력하면 좋습니다. 초등 고학년부터 중고교를 거쳐 대학 입시를 준비하게 되는 시기에는 부모의 신체적 피로는 급격히 줄어들지만 대신 심리적 피로가 증가합니다. 이때는 자녀와의 관계도 더 신경 써야 하므로 심리적 안정을 관리하는 데 주력하면 좋습니다.

부모도 언젠가는 자녀에게서 벗어나는 때가 오죠. 오롯이 나를 위해 살 수 있는 날은 반드시 옵니다. 그러기 위해서는 부모로서의 책임과 의무 또한 최선을 다해야 합니다. 자녀에게도 사춘기와 함께 오는 심리적 독립은 물론, 경제적·물리적 독립의 시기가 있음을 알리고 준비시켜야 합니다.

그런데 갑자기 자유 시간이 많아지면 무엇을 해야 할지 모르겠다며 어색해 하는 부모들이 많습니다. 자녀 없이 부부만의 시간과 공간이 늘어나는 때가 오면 어떻게 지낼지, 나는 어떤 후반전을 준비할지 예측하고 준비해야 합니다. 내가 좋아하면서 잘하지 못하는 것보다는, 썩 좋아하진 않아도 잘하는 것을 먼저 찾기 바랍니다. 부모도 잘하는 것을 인정받을 때 만족감이 생기고, 그걸 바탕으로 더 나은 나를 찾아갈 수 있기 때문입니다. 삶에 대한 만족감은 자존감을 높이고, 자존감은 좋아하지만 잘 못했던 영역에도 도전하는 용기를 주며 나를 확장시켜 가게 도와줍니다.

5

자녀는 부부가 함께 키운다

공동 양육 전략

이혼 상담에서 가장 많이 등장하는 사유 중 하나가 남편이 육아나 집안일에 전혀 참여하지 않는다는 것입니다. 자녀 양육에 함께하지 않아 생기는 소소한 갈등이 쌓이면서 관계에 벽이 생기고, 더 나아가 왜 나만 이렇게 살아야 하나 회의가 들면 마지막 몸부림으로 이혼을 결정하기도 합니다.

맞벌이 가정이 늘면서 육아에서 엄마 역할만큼 아빠 역할도 중요해지고 있습니다. 가정이라는 공동체에서는 부부가 역할을 나눠 함께 책임지는 모습이 필요합니다. 하지만 공동 양육을 실천하려 해도 말처럼 쉽지 않은 것이 현실이죠. 우선 자녀 양육에서 부부의 어려움은 다릅니다. 아내는 여전히 너무 많은 시간 육아로 지쳐 있고, 남편은 자녀 돌보기가 어색하고 어설프죠. 마음이 없는 건 아닌데 해본 적이 없어서 내 일 같지 않고, 어설프다 보니 자꾸 아내에게 도움을 청하게 됩니다. 그러면 아내 입장에서는 조금 도와주고는 엄청 생색내는 것처럼 여겨지고요.

육아에서도 좀 더 잘하는 사람이 있고, 좀 어설픈 사람도 있습니다. 그럴 때는 어설픈 배우자를 탓하기보다는 격려를 해주세요. 특히 남편이 아내처럼 능숙하게 해낼 것이라는 기대를 내려놓고, 남편이 자녀 양육에서 주체적인 역할을 할 때까지 하나씩 지도하고, 잘 해낸 것은 남편의 수고를 아낌없이 칭찬해 주세요. 이러한 방법은 남편이 자녀와 좋은 관계를 경험할 수 있게 돕기도 합니다.

공동 양육을 하는 부부 간에도 양육 태도의 차이로 인해 갈등이 생깁니다. 양육 태도의 차이는 자신이 경험한 육아 방식과 성격이 다른 데서 발생합니다. 각자 자신의 양육 태도가 옳다고 자기 방식을 강요하다 보면 아이 앞에서도 계속 부딪힙니다. 아이 문제로 대화를 시작했는데 꼭 부부 싸움으로 이어지곤 하죠. 공동 양육 상황에서 부모의 태도나 말이 서로 상반되면 자녀는 누구를 따라야 하는지 계속 눈치를 보아야 하고, 부모의 말 한마디로 바뀔지 모르는 지침들로 인해 불안해집니다. 혹은 자녀가 그때그때 자기 편한 대로 자기 편을 만들어 부모를 조종하게 될 수도 있고요.

양육 태도의 차이로 싸우는 부부일수록 서로에 대한 객관적 이해가 필요합니다. 의견 차이가 문화적 차이나 성격 차이인지, 아니면 어릴 적 채워지지 않은 속사람의 모습 때문인지 이해하는 것이 먼저입니다. 네 잘못이라고 책임을 떠넘기기보다 서로 다른 점을 조율해 가는 노력도 필요하고요.

성별 차이에서 오는 부부 간 대화법이 다른 것도 양육 갈등의 원인입니다. 아내가 육아의 어려움에 대해 이야기를 꺼낼 때는 문제해결을 원하기보다는 배우자의 공감과 격려가 필요해서입니다. 반대로 남편은 문제를 해결할 수 있는 정확한 방향과 가능성을 찾으려 하지요. 즉 자녀 문제를 이야기할 때 아내는 위로받기를 원하고, 남편은 정보를 수집하기를 원할 때가 많습니다. 자녀 양육으로 힘들어 하는 배우자는 정서적으로 공감해 주는 것이 먼저입니다. 그러고 난 후 해결책을 찾자고요.

자녀의 발달 단계와 문제를 이해한다

적절한 시점(timing) 전략

자녀를 키우다 보면 매 순간이 고민입니다. 지금 발단 단계에 맞춰 잘 성장하고 있는 것인지, 혹시 부모가 놓치는 건 없는지, 이 정도 문제는 그냥 두고 기다려도 하는지 고민이 많아요. 상담실을 방문하는 대부분의 부모는 불확실한 상황에서 도움을 얻고자 합니다. 혼자 끙끙거리는 것보다는 백배 나아요. 그렇지 않아도 지친 부모의 심리적 에너지를 내적 갈등으로 갉아먹는 것보다는 상황을 가급적 빨리 해결해서 벗어나는 것이 부모의 건강에도 좋지요. 또한 예방적 상담을 통해 문제를 빨리 찾아낼 수도 있습니다. 일찍 호미로 막으면 나중에 가래로 막아야 하는 상황을 만들지 않게 되거든요.

부모 교육 시 빠뜨리지 않는 것이 연령별 발단 단계에 대한 이해입니다. 그리고 자녀의 개인적 특성을 더하여 생각하면 자녀를 이해하는 데 도움이 됩니다. 여기에 하나를 더하면 자녀의 발달 리듬입니다. 아이마다 발달 리듬이 달라서 성장의 시기가 있고, 반대로 퇴행의 시기도 있어요. 많이 달렸다고 생각하면 잠시 숨 고르기를 하는 순간도 오고요. 잘하던 것도 못하고 안 하겠다고 하고, 부모에게서 떨어지지 않으려는 등의 모습이 나타날 수도 있습니다.

자녀의 퇴행은 부모를 불안하게 하지요. 하지만 이는 발달이 늦어서라기보다는 자신을 다시 다지는 시간으로 생각하면 됩니다. 주로 정서적으로 지쳤을 때 퇴행이 많이 나타나므로 이 시기에는 부모의 애정이 더욱 필요하다고 생각해 주세요. 부모가 퇴행의 시간을 잘 참고 기다려주면 자녀는 스스로 다시 달릴 준비를 합니다. 그런데 기다려주어야 할 때와 상담 등을 통해 문제를 점검할 때를 알아차리는 것이 쉽지 않지요. 전문적으로 문제를 점검해야 할 때는 다음과 같습니다.

첫째, 자녀에게 문제가 있을 때입니다.

특히 부모는 괜찮다고 여겨지지만 주변 사람들이 문제라고 한다면 그냥 넘기지 말아주세요. 때로는 부모는 너무 가까워 자녀의 문제를 객관적으로 바라보지 못할 때가 있기 때문입니다. 특히 자녀를 지도하는 선생님의 말은 무시해서는 안 됩니다.

둘째, 부모가 불안해질 때입니다.

남들은 괜찮다 해도 자녀의 증상이 마음에 걸리고 걱정된다면 전문가의 상담을 받는 게 낫습니다. 마음속 갈등을 줄이는 것이 더 현명하니까요.

셋째, 자녀가 상급학교로 진급을 앞두고 있을 때입니다.

초·중·고등학교 입학 전에 전체적인 검사를 받는 것은 도움이 됩니다. 자녀의 학습 준비도 및 정서적 상태를 이해하고, 상급학교에서 요구하는 역량이나 앞으로 만나게 될 다양한 상황을 준비해 볼 수 있습니다.

넷째, 사춘기가 오기 전 부모와 갈등이 심할 때입니다.

사춘기 이전에는 그래도 부모의 손에 이끌려 상담을 시작하지만 사춘기가 되면 상담이 힘겹습니다. 그래서 그나마 자녀를 도와줄 수 있는 시기는 사춘기 전이에요. 혹은 사춘기가 끝나가면서 스스로 상담을 받으면 좋겠다고 생각할 때도 있는데, 언제든 상담은 자발적으로 참여해야 제대로 된 도움을 받을 수 있습니다.

만약 자녀가 협조를 하지 않는다면 차라리 부모가 상담을 받으면서 사춘기 자녀를 돕는 방법을 알아가는 것도 좋습니다. 자녀가 문제인데 왜 부모가 상담을 받느냐고 반문할 수도 있는데, 자녀를 직접 도울 수 없다면 차선의 방법을 찾아야 하는 것이 부모의 역할이기 때문입니다.

다섯째, 자녀가 진로를 고민할 때입니다.

진로에 대한 고민이 많은 아이들에게 상담은 심리적 도움과 더불어 학업적인 도움도 줄 수 있습니다.

자녀의 발달 단계를 지켜볼 때 기억해야 할 몇 가지가 있습니다. 우선 아이마다 각자의 속도로 나아가고 있다는 점입니다. 눈앞의 목표에 연연하지 말고 길게 보고 자녀와 함께 걸어가 주세요. 또 마음 발달에도 적기가 있다는 점입니다. 사실 인지 발달은 뇌 발달상 가장 늦게 완성됩니다. 자녀가 어릴수록 마음 발달을 더 신경 쓰고 키워야 하는 이유죠.

마지막으로 자녀에게 발달상 문제가 있다고 생각될 때는 불안해하며 전전긍긍하기보다 빨리 전문가와 의논해 보기 바랍니다. 적절한 시점에 치료나 교육 등의 개입이 구체적으로 들어간다면 자녀의 문제를 현명하게 극복할 수 있습니다.

7

자녀와도
관계의 묘가 필요하다

밀당 전략

부모가 자녀의 마음을 알기는 참 쉽지 않지요. 무조건 퍼주고 알아서 해준다고 자녀가 좋아하는 것도 아니고, 싫으면 그만하라고 손절해 버리는 것도 자녀가 원하는 게 아닙니다. 끊임없이 자녀의 마음을 살피며 원하는 것에 대해 밀기(자녀가 원하는 것을 수용)도 하고 당기기(자녀가 원하는 것을 기다리도록 유도, 또는 부모가 원하는 것을 따르게 하기)도 하면서 관계를 유지하는 것이 중요합니다. 이른바 밀당 전략이 필요하죠. 밀당 전략의 구체적 방법에는 헤아리기, 달래기, 단호하기, 적정 기대하기가 있습니다.

'헤아리기'는 자녀의 마음을 알아주는 것입니다.

인지적 대화보다 정서적 대화를 나누는 부모가 자녀와 잘 지냅니다. 자녀가 문제 행동을 하면 부모는 그 행동을 고치려 하지만 그럴수록 자녀는 더 못된 행동을 하기 일쑤죠. 그때는 먼저 마음을 헤아려줘야 합니다. 속상한 게 있는지, 화난 일이 있는지 마음을 읽어주고 감정이 추스러질 때까지 기다리는 것이 먼저입니다. 이것이 곧 공감이지요.

'달래기'는 힘들어 하는 마음이 가라앉도록 돕는 것으로, 두 가지 과정이 있습니다.

먼저 자녀의 부정적인 마음을 품어주는 것입니다. 부정적인 감정은 다양한데, 아이들은 보통 '짜증난다', '속상하다', '화난다', '부끄럽다'고 표현하죠. 자녀가 이렇게 표현할 때는 자신도 진짜 감정을 잘 모를 때가 많습니다. 이때는 짜증나는 이면의 진짜 감정을 찾아주세요. 예를 들어, 동생에 대한 질투, 친구와의 비교에서 온 열등감, 부모에게 소외된 외로움, 남들에게 창피당할 때의 무안함 등인데, 그러한 마음은 누구에게나 있을 수 있는 감정임을 말해주며 다독여주세요.

달래기의 다음 과정은 부정적 마음으로 인해 자신의 과업을 포기하지 않도록 하는 것입니다. 징징거리며 만들기가 안 된다거나 공부하기 싫다는 자녀에게 그런 태도로 할 거면 하지 말라고 엄포를 놓기보다는 힘들어 하는 마음을 달래서 하나씩 과업을 이루어낼 수 있도록 이끌어주세요. 많은 에너지가 필요하죠. 그래서 부모들이 달래기를 쉽게 포기합니다. 하지만 자녀가 힘들다며 부정적인 감정을 표현할 때는 안 하겠다는 게 아니라, 하는 것이 힘겹거나 혼자서 못할까 봐 두려운 경우가 많아요. 그러니 그 마음을 이해하고 포기하지 않도록 도와주세요. 그래야 자녀도 성공 경험을 쌓고 자아효능감이 높아집니다.

'단호하기'는 한계를 명확히 하는 것입니다.

수용할 것과 수용할 수 없는 것, 즉 한계가 있음을 알게 하는 것이죠. 이때 화를 내거나 눈을 부릅뜨며 협박하는 게 아니라, 단호한 목소리로 설명해야 합니다. 부모 입장에서는 자녀가 괴로워하며 저항하는 것을 지켜보기 힘들겠지만, 자녀는 세상의 규칙을 따라 남과 더불어 살아야 합니다. 부모가 단호한 태도를 취할 때 고집이 있는 아이는 부모와 힘겨루기를 합니다. 남에게 피해를 주거나 자신에게 해를 끼치는 행동을 보일 때는 자녀와의 힘겨루기도 필요하지만, 그렇지 않은 상황에서는 자녀와 똑같아지는 모양이 되므로 힘겨루기는 불필요합니다.

'적정 기대하기'는 자녀의 연령에 맞게 안전지대에서 벗어나는 것입니다.

자녀와 떨어지면 걱정되고 불안해지는 부모가 있지요. 아이가 속상해 하는 것도 신경 쓰여서 아이 기분이 풀릴 때까지 안절부절못하는 부모도 있고요. 이런 부모는 자녀가 외부 세계를 탐색하며 나아가는 것을 허용하기가 쉽지 않습니다. 대부분 부모가 어린 시절 원가족 부모로부터 제대로 보살핌을 받지 못하면서 생긴 다양한 트라우마가 원인으로, 부모 자신의 문제가 내재된 경우가 많아요. 과유불급(過猶不及)이란 말이 있듯 아무리 좋은 안전지대라도 때가 되면 벗어나야지 그렇지 않으면 오히려 자녀에게 해가 됩니다. 마찬가지로 어린 나이의 자녀가 알아서 빨리 혼자 하기를 바라는 것도 옳지 않고요. 연령에 맞춰 적절한 기대로 조금씩 안전지대를 벗어나는 기회를 갖도록 해야 합니다.

밀당 전략의 기본 태도는 '마음은 따뜻하게, 지시는 확고하게'입니다. 수용할 것은 적극적으로 수용하지만, 한계에 대해서는 단호하게 제한합니다. 언제 어떤 것을 수용할지 고민되는 시간이 많을 테지만 양육은 순간순간 밀당의 시간임을 잊지 말고 바르게 결정할 수 있기를 응원합니다.

명확한 규율을 가르친다

훈육 전략

자녀를 키우면서 칭찬과 격려만 하고 살면 참 좋겠지만 꾸중도 하면서 가르쳐야 하는 상황이 더 많은 게 현실이죠. 자녀를 꾸중할 수밖에 없는 상황이 부모도 속상합니다. 그래도 부모가 끝까지 가르쳐야 하는 것이 '훈육'입니다.

훈육은 단순히 야단맞거나 꾸지람을 듣는 처벌적 의미가 아니라, 자녀가 마땅히 알아야 하는 사회생활의 규칙이나 규율을 배워서 순응하도록 돕는 것입니다. 혼자 살아가는 세상이 아니기에 공동체 안에서 살아가는 법을 배워야 합니다. 존재하는 각 문화권의 규율을 이해해야 공동체의 구성원으로 인정받으며 자존감을 길러갈 수 있기 때문입니다.

첫째, 내 것과 네 것의 구별을 가르쳐야 합니다.

관계에 경계가 있듯이 물건에도 경계가 있습니다. 내 것이 있고, 이를 지켜야 하는 것처럼 남의 것도 함부로 해서는 안 되는 것을 배워야 합니다. 그리고 남의 것을 쓰고 싶을 때는 사용 허락을 받아야 한다고 가르칩니다.

둘째, 공평하게 나누기를 가르쳐야 합니다.

타인과 함께할 때는 누구나 공평하게 나누어 갖고, 순서에 따라 움직이는 상황이 있을 수 있다고 가르칩니다. 하지만 이때 순서를 양보하도록 강요해서는 안 됩니다.

셋째, 규칙을 충분히 이해시켜야 합니다.

규칙을 못 따라온다고 야단치기보다 잘 지킬 수 있도록 충분히 설명해 주는 것이 필요합니다. 싸우지 말라고 꾸짖으면 그것이 또 다른 자극제가 되어 싸움이나 불안의 원인이 되고, 또 다른 문제가 파생됩니다. 형제나 친구와 싸울 때도 무조건 싸우지 말라고 이야기할 것이 아니라, 싸움의 원인이 되었던 일을 어떻게 해결할지를 알려줘야 합니다. 떼를 쓰는 아이의 경우 혼을 내기보다 떼가 가라앉을 때까지 기다려주고, 진정되면 규칙을 설명해 줍니다. 떼를 쓰는 상황, 즉 자녀의 마음이 진정되지 않은 상황에서는 반응하지 않는 것이 좋습니다. 가만히 지켜보다가 자녀가 스스로 가라앉을 때 눈을 보고 부드러우면서 단호하게 말을 걸어야 합니다.

자녀가 부적절한 행동을 할 때도 그 행동을 무조건 없애려 하지 말고, 부적절한 행동이 나오게 된 마음을 먼저 이해해 주세요. 말대꾸하는 아이, 음식을 넘기지 못하는 아이, 어린이집에 안 간다고 우는 아이 등 문제 행동을 보일 때 섣불리 이상한 아이로 보지 않습니다. 자녀가 일부러 부적절한 행동을 하는 게 아니라 어쩔 수 없이 하게 되는 행동임을 알아주고 조금씩 줄여가도록 이끌어주세요. 이때 부모의 강요 때문이 아니라, 아이 스스로 방법을 배우고 선택해서 결정하게 하는 것(시간 정하기 등)이 필요합니다.

훈육을 할 때는 몇 가지 주의할 점이 있습니다.

첫째, 무엇을 가르칠 것인가를 명확히 해야 합니다.

너무 어려운 말은 자녀가 알아들을 수 있도록 그 연령대에 맞춰 표현해 주세요.

둘째, 한 번에 하나만 가르칩니다.

지금 일어난 일에 대해서만 이야기해야지 예전부터 묵혀온 문제 행동까지 끄집어내 꾸중하지 말아야 합니다.

셋째, 잡는 훈육은 필요할 때만 합니다.

흥분한 자녀를 붙잡고 훈육하는 경우는 자녀가 자신을 다치게 하거나 다른 사람을 다치게 할 때뿐입니다.

넷째, 훈육 시 웃거나 안아주지 않습니다.

잘못에 대해 꾸중해야 하는 상황에서 부모가 웃으면 용서한 것으로 오해합니다. 또 말로는 꾸중하지만 몸이나 표정이 풀리면 괜찮은 것으로 오해하며 규칙을 제대로 배우지 못합니다. 꾸중할 때 자꾸 안아달라고 매달리는 아이가 있는데, 자녀가 떼를 쓴다고 쓰다듬거나 안아주어서 진정시키지 말아야 합니다. 아이가 말로 표현할 때까지 기다리는 것이 좋습니다.

다섯째, 훈육 후에는 안아줍니다.

훈육이 끝난 후에는 자녀를 꼭 안아주어 불편했던 마음을 달래줍니다. 부모가 싫어하는 것은 잘못된 행동이지 자녀 그 자체는 아니라는 점을 알려주는 것이 훈육의 마지막 의식입니다. 아이가 어릴수록 꾸중을 들으면 부모가 자신을 싫어하거나 미워한다고 여기기에 신체적으로 안아주기가 필요합니다. 연령이 높아지면 심리적으로 안아주기가 더 낫습니다. 심리적 안아주기는 자녀가 혼자 생각하고 추스를 수 있는 시간을 주며 기다려주는 것입니다. 자녀가 화해의 제스처를 보내면 바로 수용하고 받아주면 됩니다.

여섯째, 형제의 갈등 시 분리 훈육합니다.

대부분의 부모는 형제가 싸움을 하면 화해시키기에 급급한데, 형제 싸움을 타인과 서로 맞춰가는 과정에서 오는 필연적 갈등을 체험하고 해결하는 것이라고 봐주세요. 또 형제가 싸우면 각자 자기 입장을 말해보라고 하는데, 이때 싸움이 더 커지기도 하지요. 그보다는 한 명씩 불러 분리 훈육하는 것이 좋습니다. 자녀의 이야기를 충분히 들어주고, 어떤 태도가 문제였는지 개별적으로 알리고, 앞으로 어떻게 행동하는 게 좋은지 구체적 기술을 가르쳐줘야 합니다. 자녀는 형제 싸움이 발생할 때마다 부모가 재판장이 되어 판결해 주기를 바라는데, 매번 재판장 역할을 하는 데서 오는 부모의 피로감도 크고, 자녀를 만족시키기 힘든 결과로 원망만 들을 수 있으니 위험한 몸싸움이 아니라면 스스로 해결하는 법을 배우도록 개입하지 않는 것이 오히려 좋습니다.

9

이 또한
지나가리라

견디기 전략

너무 예쁜 자식도 기어이 오고야 마는 시간이 있는데, 바로 사춘기입니다. 이는 자의적인 게 아니라 성장을 이끄는 자연스런 변화입니다. 알고 있지만 변해버린 자녀의 모습에 부모는 곤혹스럽기만 하죠. 이전의 사랑스러움은 사라지고 거칠고 반항적인 불편한 아이가 되어버렸으니까요. 이 시간이 언제 끝날지 알 수 없어 부모는 불안하고 걱정스럽습니다.

하지만 분명한 것은 사춘기의 시작이 있듯 끝나는 지점도 있다는 것입니다. 자녀마다 그 시작과 끝이 다르지만 더욱 성숙해진 자녀를 만나게 될 시기는 반드시 옵니다. 그러므로 사춘기로 나타나는 모습을 고치거나 바로잡아야 하는 문제로 보지 말고 견디기 전략을 써보세요. 그럼 무엇을 참고 견뎌야 할까요?

첫째, 사춘기 자녀의 언행을 견딥니다.

말대꾸는 자녀가 잘 자라고 있다는 증거이지, 부모에게 반감을 갖고 있다는 의미는 아닙니다. 거칠어지는 자녀의 언행은 자신의 강해진 자아를 보이고 싶은 마음과도 관계가 있습니다. 그리고 부모를 공격하려는 의도보다 자신도 모르게 나오는 경우가 더 많고요. 따라서 자녀가 함부로 말한다고 지적하기보다 눈감아주는 부모의 너그러움이 필요합니다. 그래야 자녀도 잘못을 깨닫고 다른 사람을 배려하는 행동을 배울 수 있습니다.

둘째, 사춘기 자녀의 감정을 견딥니다.

어느 장단에 맞춰야 할지 모르는 사춘기 자녀의 감정을 이해하기는 정말 어렵지요. 왜 그러냐고 물어보면 몰라도 된다고 했다가, 부모가 모른 체 하면 자기 기분을 몰라준다고 섭섭해 합니다. 아이마다 감정 수위도 다르고 폭발 방식도 다르지요. 갑자기 어린애 같은 감정을 보이는 아이도 있고, 반대로 애교 많던 아이가 감정이 싹 메말라버린 모습을 보이기도 합니다. 이때 자녀의 감정을 살피는 이유는 사춘기 자녀의 충동성이 감정을 자극해서 어떤 행동을 할지 모르는 일촉즉발의 상황이 많기 때문입니다. 부정적인 감정을 건강하게 풀 수 있도록 스트레스 해소 방법도 알려주면서 자녀의 감정을 자극하지 않도록 주의해야 합니다.

셋째, 사춘기 자녀의 형제 간 갈등을 견딥니다.

사춘기가 되면 자신이 가장 중요해서 동생을 챙기는 것이 부담스럽습니다. 독립된 공간을 필요로 하는 것도 그런 의미죠. 그러므로 부모는 사춘기를 겪고 있는 형제는 서로 거리를 두면서 존중하는 법을 배우도록 배려해 주세요. 형제는 친하게 지내야 한다고 압박하지 말고, 그들이 서로 존중하며 관계를 만들어갈 수 있게 기다려줍니다.

넷째, 사춘기 자녀의 학업 상황을 견딥니다.

부모가 제일 못 참는 영역은 바로 학업이죠. 알아서 하겠다고 말은 하지만 공부에 뜻이 없어 보이는 자녀를 보면 애가 탑니다. 자기가 원하는 것이 아니면 사춘기 자녀에게 학업을 억지로 시키기는 건 불가능합니다. 그러니 사춘기 자녀가 즐겁게 공부할 것을 기대하지 말고, 그저 싫은 걸 참고 해야 하는 고통을 이해해 주고, 완전히 놓지 않고 가기를 당부해야 합니다. 들어주면 고맙고, 싫다 하면 기다리는 수밖에 답이 없습니다.

자녀의 학업을 돕기 위해서는 부모보다는 자녀가 원하는 친구나 멘토를 찾아주는 것이 좋습니다. 부모 말에는 움직이지 않지만 친구나 멘토의 말에는 귀 기울이는 경우가 많거든요. 이런 태도는 부모를 무시하는 것이 아니라 부모에게서 좀 더 분리되어 행동하려는 자율성이 커지기 때문입니다.

견디기 전략은 사춘기 자녀를 지켜보는 부모에게는 결코 쉽지 않습니다. 그러기에 자녀가 사춘기 터널을 지날 때 부부는 협동해야 합니다. 자녀로 인해 고통받는 배우자를 감싸주면서, 동시에 자녀를 같이 공격하지 않도록 주의해야 합니다. 그리고 눈을 씻고 보더라도 찾기 힘들겠지만, 단 하나라도 칭찬할 일이 있다면 찾아서 인정해 주세요. 칭찬과 인정에 목마르고, 남과 비교하며 부족한 것만 보이는 예민덩어리 사춘기 아이들임을 기억해 주세요.

10

자녀와 문제해결 방법을 찾는다

맞춰가기 전략

부모는 자녀와 좋은 관계를 유지하고 싶은데 갈등은 늘 일어납니다. 어제는 웃으면서 지냈지만, 오늘은 서로 인상 쓰며 지내기 일쑤죠. 또 어떤 갈등은 비교적 바로 해결되는데, 어떤 갈등은 부모에게 많은 고민을 안기고 오랜 시간 신경전이 필요할 때도 있습니다. 자녀의 일희일비한 생활과 감정이 예측되지 않아 버거울 때가 많다고 호소하는 부모가 많습니다. 자녀와의 갈등은 언제든 발생할 수 있다고 마음을 열고 있어야 실제 상황이 닥쳤을 때 당황하지 않을 수 있을 겁니다.

그런데 갈등을 싫어하는 부모나 이미 지쳐서 싸울 힘조차 없는 부모, 안 좋은 행동을 할까 봐 두려운 부모는 힘든 시간을 피하고 싶어서 자녀가 원하는 것을 들어주며 상황을 끝내버리고 싶어 합니다. 혹은 버럭 화를 내서 자녀가 부모 말에 따르게 하며 끝을 보려 하지요. 전자는 자녀의 고집에 지쳐서 대충 원하는 것을 들어주며 갈등을 종식시키는 부모이고, 후자는 버럭 화를 내어 자녀가 포기하게 만드는 부모입니다. 하나는 자녀에게 진 부모이고, 또 하나는 자녀를 억지로 패배자로 만들며 이긴 부모입니다. 안타깝게도 누군가는 상처받는 결과입니다.

자녀에게 진 부모는 늘 그런 자녀가 부담스럽습니다. 어쩔 수 없이 마음의 거리가 생기죠. 부모 앞에서 늘 패배자인 자녀는 마음속 깊이 분노와 억울함을 품고 있습니다. 자녀와의 갈등을 해결하는 올바른 방법은 문제 끝내기식의 접근이 아니라, 서로가 만족할 부분을 찾아 합의하려는 접근이어야 합니다. 이때 주의해야 할 점은 다음과 같습니다.

첫째, 감정이 올라와 있는 상태에서는 급하게 협상하지 않습니다.

협상은 부모든 자녀든 격한 감정이 좀 가라앉은 후 침착하게 이야기할 수 있을 때 시작합니다. 감정이 올라올 땐 자신의 감정 상태를 알리고, 서로 자기 감정을 조절할 수 있는 공간으로 피하는 것이 좋습니다.

둘째, 협상은 자녀와 시시비비를 따지는 것이 아닙니다.

논리에 맞든 아니든 우선 자녀의 의견을 경청해야 합니다. 터무니없는 논리로 주장한다고 생각해서 자녀가 틀렸다고 해버리는 '답정너'의 자세로는 협상이 어렵습니다. 각자의 입장이 있음을 존중해 주고 '나는 이렇게 생각하는데, 너는 그렇게 생각할 수 있겠구나' 하고 인정해 주세요. 부모의 기준에 부합되지 않는 자녀일수록 자녀가 왜 그런 기준을 갖게 되었는지 이유를 생각해 보길 바랍니다. 뿌리 없는 나무 없듯 이유 없는 행동은 없습니다.

셋째, 협상을 힘의 논리로 진행하지 않습니다.

자녀가 어릴수록 부모의 힘은 막강합니다. 두려움을 많이 느끼는 기질의 아이일수록 부모의 힘에 쉽게 협상하지요. 그러면 부모는 자녀와의 협상이 잘되었다고 착각할 수 있지만 이런 자녀가 후에 사춘기가 되면 부모의 힘에 어쩔 수 없이 타협했던 일을 떠올리며 폭발하기도 합니다.

넷째, 협상에 임하는 자녀의 태도를 지적하지 않습니다.

협상에 임하는 자녀가 공손하지 않다, 순종하지 않는다, 고

분고분하지 않다고 말 안 듣는 아이는 아닙니다. 퉁퉁거리면서라도 협상 테이블에 앉는다면 일단 칭찬해 줘야 합니다. 부모 역시 화를 내지 말고 차분하게 이야기하는 시간이어야 합니다.

다섯째, 한 번에 하나의 주제를 갖고 해결합니다.

협상을 방해하는 것 중 외부 요인으로는 자녀와 협상 중인데 옆에서 훈수 두듯 간섭하는 배우자가 있습니다. 내부 요인으로는 지금 다루고 있는 문제가 아닌 과거의 문제를 다시 끄집어내는 반추 사고나 지나친 미래 걱정으로 과잉 확대 해석하는 사고가 있고요. 이런 내외부 요인으로 인해 협상의 주제는 쉽게 희미해집니다. 지금 이 순간 다루어야 할 하나의 안건으로 협상 주제를 간결하게 정리하고, 그와 관련된 해결 방안에 대해서만 짧게 이야기하는 것이 좋습니다. 자녀가 딸이라면 긴 설명이 필요할 수 있으나 아들은 가능한 간략하고 명료하게 정리해서 짧게 진행하는 것이 좋습니다.

이러한 협상의 진행 과정은 문제해결의 4단계 방식으로 진행됩니다. 문제 규명 – 해결 방안 – 실행하기 – 평가하기입니다. 무엇이 문제인가를 정확히 규명하고, 그 문제를 해결할 방안을 모두 이야기해 보며, 그중에서 가장 긍정적 결과가 예상되는 해결 방안을 선택해서 실행해 본 후 결과적으로 어떤 영향을 주었는지 피드백을 확인해 보는 것입니다. 해결 방안을 선택하는 과정에서 서로의 입장이 다를 수 있는데, 부모가 생각하는 해결 방안과 자녀의 해결 방안이 다를 때 서로 만족할 만한 합의점을 찾기 위해 협상 기술을 배워야 합니다.

먼저 부모가 많이 맞춰주는 것이 좋습니다. 협상은 다른 말로 '맞춰가기'라고도 합니다. 협상을 잘하는 것은 결국 서로 잘 맞춰가는 방법을 배우는 것이지요. 각자의 상황, 주제에 대한 중요도, 욕구 정도 등을 살펴서 접근하는 마음의 유연성입니다. 그만큼 사회적 관계에서 중요한 기술로, 이를 통해 배려와 양보도 배울 수 있습니다.

협상에서의 대화는 '나 메시지'로 사실, 느낌, 욕구, 청유 순으로 자신의 마음을 전달합니다. 사실은 다뤄야 할 상황이나 주제를 말하는 것이고, 느낌은 그 사실로 발생한 자신의 느낌을 이야기합니다. 그리고 욕구는 바라는 점을 말합니다. 청유는 부탁하는 점을 구체적으로 정중히 요구하는 것입니다.

협상이 제대로 된 것인지는 이후의 행동 실천에서 보면 알 수 있습니다. 자녀가 협상한 것을 지키지 못하는 것은 부모의 힘에 의해 어쩔 수 없이 협상한 것일 수도 있고, 하고 싶지 않은데 말로만 '네' 하며 이루어진 협상일 수 있습니다. 자녀 입장에서 그건 협상이 아니라 그날의 상황을 대충 모면하려고 때운 것이죠. 자녀는 협상에 만족하지 않았는데 어쩔 수 없이 마무리한 것입니다. 그래서 행동을 하지 않음으로써 자기 의사를 표현한 것이지요. 이런 협상은 의미가 없습니다. 실행되지 않은 협상은 다시 진솔하게 다뤄야 합니다. 자녀가 진짜 원하는 것이 무엇인지 탐색하며 행동으로 이어질 수 있도록 해야 합니다. 갈등이 즉각적으로 해결되는 것이 아니라, 갈등을 잘 다뤄가며 같이 잘 지내는 방법이 협상임을 기억해 주세요.

SOLUTION

부모 마음을
흔드는
고민들

1

부모의 권위에 대해서

보통 부모를 자녀의 울타리로 묘사합니다. 울타리는 든든하게 지켜 주고 보호해 주는, 심리적 안정감을 주는 구체물이죠. 또는 부모를 '거인', '큰 바위', '커다란 산' 등으로 비유하기도 하지요. 자녀가 바라는 부모는 그렇게 힘 있는 강한 존재입니다. 강압적으로 자녀를 짓눌러 힘이 있음을 증명하는 것이 아니라, 심리적 힘이 강한 부모를 말하는 것이지요. 부모에게 굳건한 심리적 힘이 있을 때 자녀는 부모의 권위를 느낍니다.

그럼 자주 혼돈하는 부모의 권위에 대해서 여러 가지 예를 들어 살펴보겠습니다.

어릴수록 친구처럼 지낸다?

'권위'에 대한 불편한 마음을 갖고 있는 사람도 있는데, 원가족 부모가 강압적이었던 사람은 사회에서 만나는 권위자에 대한 거부감이 높습니다.

경희 엄마는 늘 독단적으로 자신의 의사를 밀어붙였던 친정어머니에 대한 불만이 많았습니다. 그래서 자신의 자녀에게는 어머니처럼 하고 싶지 않았습니다. 부모의 권위는 자녀와의 친밀감을 방해한다고 여겼기에 친구 같은 부모가 되고자 노력했지요. 그런데 어느 날부터 자녀가 "엄마 미워! 싫어!"라는 말을 하며 자신을 밀어내는 행동이 늘자 경희 엄마는 마음이 복잡해졌습니다. 친정어머니를 멀리했던 자신이 떠오르면서 자녀와도 그렇게 관계가 멀어지면 어쩌나 싶어 불안해졌습니다.

자녀에게 부모는 부모여야 합니다. 어릴수록 어른스런 부모가 필요합니다. 어린 자녀는 같이 놀아주는 친구 같은 부모보다 자신을 안전하게 돌봐주는 양육자를 원합니다. 친구처럼 어울릴 수 있는 자녀는 청소년기부터죠. 보통 친구는 동등한 관계잖아요. 자녀에게 사춘기가 오면서 수평관계를 요구할 때 비로소 시작되는 개념입니다. 따라서 어린 자녀와는 친구가 되겠다는 생각을 버리고, 부모로서 어른스러운 태도로 다가가야 합니다.

그렇다면 어른스런 부모의 모습은 무엇일까요? 자녀가 부모를 밀치며 삐쳐도 그런 마음을 품어주고 기다려주는 모습입니다. 자녀와 똑같이 행동하며 일일이 대응하고 다투기보다는, 한 발짝 물러나 자녀의 행동을 품어주는 거죠. 자신이 미처 깨치지 못하는 마음의 깊이를 보여주는 부모의 모습을 보며 자연스럽게 존경심을 갖게 될 것입니다.

부모 말을 듣지 않은 자녀는 부모를 무시하는 거다?

부모도 사람인지라 자녀가 자신의 사랑과 노력에 반응해 주고 잘 따라와 주면 행복합니다. 그래서 자녀가 어릴 때는 아무래도 부모와의 갈등이 적지요. 그런데 그 시간이 생각보다 길지 않습니다. 두 살이 넘어가면 작은 반항을 시작하고, 네 살이 넘어가면서 고집도 피우고 부모 눈에 미운 짓도 시작하죠.

말 잘 듣던 아이가 부모의 방식을 거부하기 시작하면 부모는 당황스럽습니다. 무엇보다 이제 학습을 시작해야 하는 시기에 자기 방식대로만 하려는 태도를 보이면, 앞으로 아이가 잘 해나갈 수 있을지 불안해집니다. 그래서 많은 부모가 '이 녀석 세게 한번 잡아서 이참에 버릇을 고쳐야 하나?' 하고 강압적인 태도를 보이기도 합니다.

이때 명심해야 할 점은 자녀의 반항은 반드시 나와야 한다는 것입니다. 자녀의 반항은 자기 존재를 알리는 신호이기도 하거든요. 말 안 듣는 자녀의 모습은 부모를 거부하는 태도로 보이지만 실제는 잘 성장하고 있다는 증거입니다. 나이가 들수록 그런 반항은 더 나오고 강해져야 합니다. 그러므로 '그래, 우리 아이가 자아를 잘 키워가고 있구나' 하고 자기다움을 존중해 주세요. 그리고 자기주장이 분명한 자녀를 어떻게 잘 이끌 것인지에 대한 방법을 고민해 주세요. 부모가 일반적인 틀을 제시할수록 자녀와 갈등이 생길 수 있으므로, 자녀의 기질이나 성향을 이해하면서 내 아이를 위한 접근 방법을 생각해야 합니다.

자녀에게 미안하다는 표현을 하면 권위가 떨어진다?

부모도 자녀에게 실수나 잘못을 할 수 있습니다. 부모라고 완벽할 수는 없잖아요. 스트레스 상황에 놓이면 감정 조절이 힘들어 자녀에게 묵혔던 감정을 쏟아내기도 하고, 해서는 안 되는 말이나 상처 주는 행동이 나올 때도 있습니다. '아차' 하고 후회가 되지만 자녀 앞에서 미안하다고 말하는 것이 어렵다는 부모가 있습니다. 무엇보다 자신의 실수나 잘못을 인정하면 부모를 우습게 여길 것 같아서 그냥 모른 척하고 넘겨버리는 부모도 있습니다. 오히려 마음과 달리 더 큰소리를 치기도 하고요.

자녀에게 부모의 실수나 잘못을 인정하는 것은 결코 부모의 위신을 떨어뜨리지 않습니다. 오히려 자녀는 '우리 엄마 아빠도 실수할 수 있구나' 하고 여기며 빈틈 있는 부모에게서 편안함을 느낄 수 있습니다. 나아가 미안하다고 말하는 부모의 모습을 통해 자신의 실수나 잘못도 솔직하게 인정하는 법을 배울 수 있고요.

이때 주의할 점이 있습니다. 부모가 미안하다고 말했다고 해서 자녀가 즉시 모든 것을 용서하리라는 기대는 하지 말아야 합니다. '부모가 미안하다 했으면 됐지 뭘 더 바라냐', '내가 미안하다 했으니 다 됐다' 등의 반응은 적반하장의 모습이지 않을까요? 용서는 상대가 해주는 것입니다. 따라서 자녀의 마음이 풀릴 때까지 기다려주세요. 자신의 잘못을 솔직히 드러내는 용기 있는 모습을 통해 오히려 부모의 권위가 바르게 세워질 수 있습니다.

2

부모의 사랑(수용)에 대해서

부모의 사랑을 떠올리면 늘 마음이 따뜻해집니다. 자녀는 자신이 뭘 해도 부모가 늘 지지해 줄 것이라고 믿는데, 그것을 부모의 사랑이라고 생각하기도 합니다. 그래서 어릴 때는 뭘 하고 싶다거나 사달라고 요구하다가 부모가 거절하면 “엄마 아빠는 나를 사랑하지 않는다”고 말하는 것도 그 때문입니다. 최근에는 부모의 사랑이 넘쳐서 문제가 되는 경우가 종종 있는데, 자녀를 사랑하는 그 마음이 잘못된 것이 아니라 사랑의 표현 방식이 문제입니다. 부모의 사랑도 과유불급이 되지 않도록 힘 조절이 필요합니다.

자녀의 마음을 아프게 해서는 안 된다?

종종 자녀가 상처받는 것에 민감한 부모가 있습니다. 그래서 집에서도 자녀에게 화를 내지 않으려 무던히 애씁니다. 눈치 보는 상황도 만들지 않으려 하고요. 간혹 친구나 이웃이 아이를 함부로 대해 속상해 하면 부모가 대신 싸우기도 하지요.

자녀가 마음의 상처를 입을까 신경 쓰는 부모와 상담을 해 보면 부모 자신이 그런 경험을 한 경우가 많았습니다. 어릴 적 치유되지 않은 상처는 잊혀진 것이지 나아진 것이 아닙니다. 아직 충분히 해결되지 않은 부모의 감정은 자녀가 실제 느끼는 정도보다 강렬하고, 자녀도 자신이 느끼는 정도로 고통스러울 것이라 착각하게 만듭니다.

그런데 자녀가 마음의 상처를 입지 않게 하겠다는 부모의 생각은 반쪽짜리 사랑을 하겠다는 것입니다. 누군가를 진정 사랑하면 좋은 모습뿐만 아니라 싫거나 잘못된 모습에 대해서도 나눌 수 있어야지요. 자녀의 마음을 몰라주는 부모보다 낫지만, 자녀의 마음을 유리처럼 대하려는 것도 옳지 않습니다. 그렇다고 자녀를 강하게 키우겠다며 일부러 매정하게 대할 필요도 없고요.

올바른 사랑법은 균형을 갖는 것입니다. 자녀가 속상해 하는 것을 보는 게 괴로워서 잘못을 지적하지 못하거나 눈감아주며 키우는 것은 냉정함을 잃은 모습입니다. 부모의 사랑이 자녀에게 중요한 이유는 부모 안에 머무는 자녀가 아니라, 부모의 사랑을 기반으로 세상 밖에서도 건강하게 살아가게 하는 게 목적이기 때문입니다. 넘치는 사랑은 자녀가 잘잘못의 경계를 배우지 못하게 합니다. 과도한 애정이 자녀를 망칠 수도 있습니다.

자녀를 존중한다면 의견을 묻고 들어줘야 한다?

자녀를 사랑하는 마음에 자녀가 원하는 것을 들어주려고 하나부터 열까지 묻는 부모가 있습니다. 이렇게 하는 것이 자녀를 존중하는 것이라고 생각합니다. 물론 자녀를 존중하고 수용하는 것이 중요하지만, 어릴 때는 부모가 대신 결정해 줘야 하는 영역이 많습니다. 무엇을 먹을지, 몇 시에 잘지, 씻을지 말지 등은 자녀에게 물어볼 내용이 아니죠. 반드시 해야 할 것은 지키게 가르쳐야 합니다.

또 자녀가 어릴 때는 자녀가 감당할 수 있는 정도만 의견을 물어야 합니다. 너무 많은 것을 결정하게 한다면 오히려 혼란스럽게 만들 수 있습니다. 대부분은 부모가 판단해서 제공해야 하는데, 그래서 부모 역할이 어렵죠. 자녀에게 필요한 것이 무엇인지, 자녀에게 어떤 방식이 더 좋은지를 부모가 결정해야 하기 때문입니다. 학령기부터는 자유의지로 선택하고 결정하는 힘이 생기는데, 이때부터는 자신의 의견을 적극적으로 표현하고, 동시에 이에 따른 결과도 책임지도록 가르쳐야 합니다.

그런데 자녀가 의견과 생각을 표현하기 시작하면 부모는 또 다른 고민에 빠집니다. 자녀의 의견을 어디까지 들어줘야 하나 모르겠거든요. 진실은 어느 부모도 모든 순간 자녀의 의견을 다 수용해 줄 수 없다는 점입니다. 자녀가 자신의 의견과 생각을 표현하도록 격려하는 것이 맞지만, 그것이 자녀의 의견을 다 수용해야 한다는 의미는 아닙니다. 자녀에게는 거절의 경험 또한 필요하거든요. 때로는 거절도 사랑임을 배워야 한답니다.

부모가 얼마나 사랑했는데 받은 게 없다고?

자식이 배부르면 내 배가 부른 느낌이고, 자식이 아프면 차라리 내가 아프면 좋겠다며 안타까워하는 것이 부모죠. 그 깊은 사랑이 도대체 뭐가 문제라고 어떤 자녀는 그 사랑이 버겁다고 합니다. 심지어 그건 사랑이 아니라고도 하고요. 때로는 부모가 자신을 사랑하지 않는다며 투정하는 경우도 있습니다.

부모의 사랑 그 자체는 아무 문제가 없습니다. 문제는 그 사랑의 내용과 표현 방식이죠. 내가 주려는 사랑이 자녀가 받고 싶은 사랑인지, 내 사랑의 방식이 자녀가 원하는 표현 방식인지가 중요합니다.

그런데 사랑하는 마음은 크나 전달 방식은 미숙한 부모가 많습니다. 내가 주고 싶은 사랑을 주는 것은 이기적 사랑일 뿐이죠.

부모가 이기적인 사랑으로 다가가면 자녀는 부모를 자신을 잘 돌봐 준 분으로 묘사하지만 따뜻한 부모로 떠올리지 못한다고 합니다. 자녀를 사랑한다면 자녀가 받고자 하는 사랑인지를 생각해 주세요.

외향형의 아이 중 자기 생각을 담아 두기보다는 표현하기를 좋아하는 아이일수록 부모에게 여러 번 자기를 사랑하는지 확인하기도 합니다. 그런 자녀를 보고 내가 제대로 사랑해 주지 못했나 싶어 자책하기 쉬운데 굳이 그렇게 느끼지 않아도 됩니다. 자녀가 "나 사랑해?"라며 물을 때는 "왜 그렇게 묻냐?"고 근심 어린 표정으로 반문하지 말고, 얼마나 사랑하는지 대답해 주면 됩니다. '하늘만큼', '세상에서 제일' 등으로 좀 과장된 표현도 좋습니다. 무엇이든 자녀는 세상을 다 얻은 듯 행복한 순간일 테니까요.

3

부모의 훈육에 대해서

사람의 발달은 태어나는 순간부터 죽을 때까지 존재하는 과정입니다. 발달과 유용하게 같이 사용하는 말로 '성장'과 '성숙'이 있지요. 성장은 의도하지 않아도 선천적인 특성으로 저절로 이루어지는 양적 변화 과정입니다. 신체적 요인은 성장과 관련이 많지요. 반면 성숙은 내재적인 특성의 변화로 질적 변화 과정입니다.

사람은 나이를 먹으면 성장하지만, 나이를 먹는다고 모든 사람이 성숙해지는 것은 아닙니다. 자녀의 발달, 즉 건강한 성장과 성숙을 위해서는 미숙함을 이겨낼 수 있는 가이드가 필요합니다. 그 역할이 부모의 훈육입니다. 칭찬과 격려 못지않게 잘못을 깨달을 수 있도록 부모는 옳은 길을 알려주고 가르쳐야 합니다. 부모의 훈육에 대한 오해에 대해 살펴보겠습니다.

아이가 기죽지 않도록 부족함 없이 해주어야 한다?

부모는 자신이 힘들었던 경험을 자녀는 겪지 않기를 바랍니다. 어린 시절 경제적으로 힘들게 지낸 부모 중에는 자기가 받지 못해 아쉬웠던 마음을 자녀에게 투영하여 자녀가 원하는 것이라면 아낌없이 해주는 경우가 있습니다. 내 아이는 경제적 어려움 없이 살았으면 하는 마음이죠. 부모가 여유 있다면 그나마 좀 나은데, 현실적으로 어려운데 자녀의 기죽은 모습이 내가 초라할 때보다도 더 깊은 쓰라림을 주어서 빚을 내서라도 해주는 부모도 있습니다. '돈 없는 부모 때문에 애가 기죽으면 어쩌지', '지금 부족한 게 나중에 문제가 되면 어쩌지' 등 부정적인 상념이 꼬리를 물어 결국 어떻게든 해주는 게 마음이 편하다고 합니다.

훈육은 그 무조건적 사랑에 제동을 겁니다. 자녀에게 실망과 아픔을 주고 싶은 부모가 어디 있겠습니까. 그래서 훈육은 사랑의 절제라고도 하지요. 가장 먼저 해야 할 것은 물질적 절제입니다. 또한 부모의 감정적 절제도 필요합니다. 부모의 칭찬과 격려도 이치에 맞지 않으면 때로는 독이 되니까요. 자녀가 기죽을까 봐 잘못한 일을 눈 감아주거나 부모가 대신 사과하는 등의 행동은 책임감을 갖지 않는 아이로 키웁니다. 그보다는 자녀의 마음을 알아주고 이해해 주는 부모면 족합니다. 절제된 사랑인 훈육과 있는 그대로 수용하는 사랑의 균형은 자녀와의 생활에서 꼭 필요합니다.

아이의 투정을 받아주면 버릇이 없어진다?

자녀 양육은 '수용'과 '한계'로 이루어졌다 해도 과언이 아닙니다. 수용은 사랑이고, 자녀를 향한 긍정적인 애정입니다. 그 애정이 자녀에게 자신이 소중한 존재임을 느끼게 하지요. 한계는 훈육입니다. 차갑지만 깨달음으로 이끄는 가르침이죠. 이 가르침이 자녀를 공동체의 성숙한 구성원으로 자라게 합니다. 부모가 이 균형을 잃으면 자녀는 균형 잡힌 사람으로 성장할 수 없습니다.

부모 중에는 자녀에 대한 사랑을 표현하는 것에 인색한 사람도 있습니다. 부모가 수용해 주기 시작하면 나약한 아이가 될 것이라 여기죠. 그래서 다른 사람들과 있을 때 예의 없는 행동을 하면 그 자리에서 바로 꾸중을 합니다. 그것은 애정이 아니라고 말할 수는 없지만, 문제는 자녀가 느끼는 감정입니다.

자녀에게 훈육이 가능한 나이는 세 살 이후입니다. 24개월 이후부터는 세상에 자기 마음대로 안 되는 것이 있다는 것을 알게 해야 합니다. 그런데 하지 말라고 하면 '네' 하고 바로 수긍하는 아이가 몇이나 될까요? 그런 아이는 기질적으로 아주 유순한 20~30퍼센

트뿐, 그 외에는 그렇게 호락호락하지 않습니다. 떼부터 쓰고 될 때까지 성질을 부리는 아이가 더 많지요.

그런데 이런 투정을 버릇없는 행동으로 해석해서는 안 됩니다. 이는 부모에게 반항하는 것이기보다는 자신이 원하는 일을 막는 것에 대한 거부감을 강하게 표현하는 것이니까요. 그런 자녀의 저항은 부모 자체가 아니라 부모가 보인 제한에 있음을 이해해야 합니다. 그리고 부모는 속상해 하는 자녀의 마음을 달래주어야 하고요. 부모가 자녀의 투정에 쉽게 화가 나는 이유는 부모를 거부하는 행동으로 해석하고 버릇없다고 판단했기 때문이에요. 잘못된 해석은 잘못된 감정을 일으키고, 결국 부모의 불쾌감은 자녀를 괴롭히는 방식의 행동으로 이어지게 됩니다.

훈육 시 부모가 반드시 살펴야 하는 것은 자녀의 감정입니다. 훈육으로 생긴 좌절감, 상실, 거부 등의 감정을 표현하는 것을 막지 말고 안전하게 표현하도록 도와줘야 합니다. 그래야 자녀는 부정적인 감정을 느끼는 것은 잘못이 아니고, 오히려 이 마음을 알아주는 부모를 통해 자신이 느끼는 감정이나 생각에 대한 자신감을 가질 수 있습니다. 나아가 좌절된 감정을 견디는 힘도 생기고요. 부모의 훈육을 통해 자녀는 부정적 감정의 표현과 그 감정을 참아내는 자기조절, 속상한 감정에서 다시 평정심을 회복하는 회복탄력성을 길러갈 수 있습니다.

어릴수록 무섭게 다뤄야 한다?

자녀에게 훈육이 필요하다고 했더니 매부터 드는 부모가 있습니다. 그들은 자라면서 엄격한 훈육과 예의범절을 배웠고, 그것이 사회생활에 도움이 되었다고 말합니다. 부모의 체벌이 '사랑의 매'로 불리며 어느 정도 공감대를 이루던 시절도 있었지요. 하지만 지금은 다릅니다. 부모가 매를 들면 자녀는 신고를 하지요. 학교에서 신체 체벌에 대해서 신체 학대로 엄격하게 규명하여 가르치기 때문입니다. 요즘 자녀가 어떤 교육을 받고 있는지 모르는 부모는 자녀의 행동을 배은망덕하다고 여기는 경우도 있습니다.

어릴 때부터 힘으로 자녀를 압박해 온 부모는 자녀의 사춘기 때 역공을 당합니다. 유년기 부모와의 관계가 사춘기에 중간평가를 받는데, 유년기 때 부모가 자녀를 어떻게 대했는지 사춘기 때 반증되어 나타납니다. 일반적으로 사춘기의 반항적인 행동에는 범위가 있고, 웬만해서는 그 선을 함부로 넘지 않습니다. 이 범위를 넘어서는 아이들을 살펴보니 물리적으로든 심리적으로든 힘으로 제압했던 부모가 배경에 있었습니다. 그 아이들은 "나도 그렇게 당했는데 엄마 아빠도 한번 당해보라지"라고 말합니다. 그러고는 부모를 쥐락펴락하며 꼼짝 못하게 괴롭힙니다.

따라서 자녀 훈육을 힘으로 눌러 해결하겠다는 양육 태도를 경계해야 합니다. 힘은 꼭 신체적인 것만 의미하지 않습니다. 강압적인 눈빛, 말투 등의 비언어적 태도에서도 어린 자녀는 두려움을 느낍니다. 다가올 사춘기에 자녀가 부모에게 어떤 행동을 보일지 지금 상상하기는 쉽지 않겠지만, 부모의 강압적인 양육 태도는 반드시 돌아온다는 것을 명심해 주세요. 그리고 지혜롭게 훈육하는 방법을 배우기 위해 노력해 주세요.

4

부모의 소통에 대해서

부모 교육에서 가장 인기 있는 주제는 바로 '자녀와의 소통'입니다. 자녀도 자신의 말에 귀 기울여주며 소통이 잘되는 부모를 최고의 부모로 꼽습니다. 그만큼 소통은 부모와 자녀가 가장 중요하게 생각하는 것이지만 쉽지 않지요. 소통에는 일반적인 의사소통뿐만 아니라 감정 소통도 있어서 더욱 그러합니다.

부모에게 쉽게 화를 내는 것은 예의 없는 모습이다?

자녀와 잘 소통하고 싶어 하는 부모도 자칫 혼돈하는 것 중 하나가 자녀가 부모의 말에 반박하는 행동을 대드는 것으로 인식한다는 점입니다. 한 번을 '네' 하지 않고 매번 "왜 그래야 하는데요?" 라고 토를 다는 아이가 이해되지 않는답니다. 이런 고민을 토로하는 부모와 상담을 진행해 보면 부모가 자녀를 표현하는 언어를 통해 자녀에 대한 부모의 태도를 읽을 수 있습니다.

많은 부모가 자녀가 화를 내거나 신경질 부리는 모습을 걱정합니다. 버릇없는 아이가 될까 봐, 자기조절을 못하는 아이가 될까 봐 그렇죠. 그래서 자녀의 감정 표현을 막습니다. 그런데 소통에서 중요한 것은 흐름입니다. 흐름이 막히면 고이게 되는데, 소통에서 고임은 단절이죠. 그러므로 자녀와 소통을 잘하고 싶으면 자녀가 하고 싶은 말을 하게 해야 하고, 자녀가 느끼는 감정을 막힘없이 표현하게 해야 합니다. 특히 부정적인 감정을 드러내는 것을 주저하지 않도록 도와야 합니다. 모든 감정은 표현해도 괜찮다는 것을 경험한 자녀는 자기 감정을 어떻게 표현하는 것이 더 좋을지 스스로 방법을 찾으며 성장합니다.

자녀와 감정 소통을 잘하기 위해 부모가 해야 할 일은 자신이 감정을 어떻게 표현하고 조절하는지 인지하는 것입니다. 자녀는 부모의 감정 표현을 그대로 답습하기 때문입니다. 부모가 하지 않은 감정 표현이나 조절을 자녀가 할 수 있기를 바라는 것은 어불성설에 가깝죠. 그 이후에는 부모가 자녀의 어떤 감정이든 물어봐 주거나 알아차려주면 좋겠습니다. 굳이 어떻게 표현하라고 가르칠 필요는 없습니다. 그저 부모와 자녀가 함께 고민하는 것만으로도 자녀는 자신감을 갖고 자신에게 맞는 표현 방법을 배워나갑니다.

답정너(답을 정해놓고 이야기하는 대화법)

자녀가 부모와의 관계에서 가장 힘들어 하는 부분은 아무리 말해도 바뀌지 않는 부모입니다. 부모가 자신의 생각이나 의견을 고려해 줄 의사가 없음을 알게 되면 소통에 대한 의지가 사라집니다. 반항이나 가출 등의 문제 행동을 보이기도 하고, 완전히 체념해 버리면 심리적으로 깊은 무력감에 빠지기도 합니다.

소통에서 가장 힘든 사람은 무슨 말을 해도 답이 정해져 있는 사람, 어차피 자기 뜻대로 결정하는 사람입니다. 이런 사람을 상사나 동료로 만나면 직장 생활이 정말 곤혹스럽지요. 직장이야 그만둘 수 있는 선택이라도 할 수 있지, 가정에서 부모로 만나면 그 어려움이 얼마나 크겠습니까. 간혹 자녀에게 당연히 해주어야 할 보육권을 협박카드로 쓰는 부모가 있는데, 부모를 의지하며 살아야 하는 미성년 자녀에게는 더욱 절망적인 상황입니다.

유아를 키우는 워킹맘 중에 아이가 아침마다 엄마와 떨어지지 않으려고 해서 아무 말 없이 회사로 사라지는 경우가 있는데, 이 또한 좋은 방법은 아닙니다. 어린 자녀는 밤마다 엄마와 헤어질 것이라는 두려움을 안고 잠을 자야 하기 때문입니다. 따라서 어린 자녀라도 변화되는 상황을 미리 말해주는 것이 좋습니다. 목욕을 할 때도 옷을 갑자기 벗기는 것이 아니라 눈을 보면서 이제 목욕할 시간이 되었다고 말해주고, 천천히 옷을 벗으면 목욕시키는 것이 한결 수월해집니다. 소통의 핵심은 상대방을 생각하며 맞춰주는 배려임을 기억해 주세요.

보이는 것이 다가 아니다

코로나19로 재택 근무와 원격수업이 늘면서 자녀의 새로운 모습을 보았다는 부모가 많습니다. 원격수업 중 자녀의 학습 태도를 보고 충격을 받았다는 부모도 있고요. 그동안 학교 생활에서 큰 어려움을 보이지 않아 별 문제 없이 잘 크고 있다고 생각했던 아이들이 친구와의 교류도 줄고 외부 활동까지 어려워지면서 무기력과 우울감을 호소해서 걱정하는 부모도 많습니다.

자녀의 신체 건강을 체크하기 위해 건강검진을 하듯 자녀의 심리 건강도 자주 점검해야 합니다. 지금 우리는 부모도 자녀도 바빠서 함께 저녁식사를 하는 것도 쉽지 않은 시대를 살고 있습니다. 그러다 보니 우리 아이들은 심리적 문제를 혼자 감당하기도 합니다. 부모 또한 마찬가지죠. 가족으로서 자녀가 당연히 알고 있어야 할 부모의 마음 건강을 전혀 모르고 사는 경우가 허다합니다. 자녀는 부모를 통해서 타인과 소통하는 법을 배웁니다. 부모가 먼저 자녀의 마음을 들여다보고 위로가 필요한지 혹은 격려가 필요한지 살피면, 자녀 역시 부모를 비롯해 타인의 마음을 살피는 법을 배워나갈 수 있습니다.

어색해서 어떻게 시작해야 할지 모르겠다는 부모가 많은데, 방법은 간단합니다. 아침에 일어난 자녀에게 잠은 잘 잤는지, 좋은 꿈을 꾸었는지 묻습니다. 학교 갔다 온 아이에게는 즐거웠는지, 속상한 일은 없는지 묻고요. 이때 무엇을 했는지보다 감정을 물으면 이야기는 다양하게 흘러갈 수 있습니다.

저절로 괜찮아지는 아이는 없습니다. 부모가 좋은 롤모델이 되려고 노력하든, 아니면 자녀의 문제에 대해 전문가의 도움을 받든 자녀의 마음이 건강한지 자주 묻고 관심을 보여야 합니다. 그런 시간이 쌓이면 "엄마 아빠가 내 마음 알아주어서 기뻐요"라고 말해줄 때가 반드시 올 것입니다.

모든 시작은 불안하고 서툽니다. 부모도 그렇습니다

오늘도 지친 얼굴로 들어서는 부모를 만났습니다. 아이 때문에 힘들어 상담을 생각한 지는 오래되었지만 막상 찾아오긴 쉽지 않았다고 하더군요. 하지만 더 이상 혼자 문제를 해결하는 데 한계를 느끼고 방문을 결심했다고 합니다.

이 책을 선택한 당신도 어쩌면 비슷한 심정일 테지요. 삶이 술술 풀리면 그게 어디 인생이겠습니까. 어려움이 생겨야 깊이 돌아보는 게 삶의 이치이듯 자녀에 대해서도 똑같습니다. 자녀가 힘들어하거나 뭔가 삐거덕거리는 소리가 이곳저곳에서 들려야 자녀를 다시 찬찬히 보게 되죠.

그런 상황에서 부모는 우선 자책부터 합니다. 바빠서, 몸이 힘들어서, 마음이 지쳐서 아이를 돌보지 못했는데, 나 때문에 이렇게 된 것 같다며 스스로를 책망합니다. 특히 일하는 엄마들은 자녀에게 안 좋은 신호가 오면 집에서 제대로 보살피지 못해 생긴 문제인가 싶어 더 큰 죄책감에 시달리곤 하죠.

하지만 자녀의 문제를 잘 살펴보면 자녀가 거쳐가야 하는 연령별 발달 단계에서 오는 어려움인 경우도 많습니다. 자녀에게 생기는 많은 문제는 성장의 과정에서 오는 문제가 대부분이고, 모든 아이에게 나타날 수 있는 일일 뿐입니다. 부모가 원인이 될 때도 방법을 몰랐을 뿐 나쁜 부모가 되려는 것은 아니잖아요. 그저 자녀에게 사랑을 주려고 한 것인데, 방향이 달랐던 것뿐입니다. 또 어떻게 자녀의 마음에 닿는지 방법을 몰랐고요.

세상에 완벽한 건 없습니다. 존재하지 않는 완벽의 지배를 받기 시작하면 부모도 자녀도 피폐해지는 결과만 남습니다. 부모가 자녀에게 실수하고 잘못한다고 자녀가 금방 망가지는 것도 아니니 너무 두려워하지 마세요. 무조건 잘해야 한다고 자신을 채찍질하지도 마세요. 부모 성적을 매기는 사람은 없으니까요. 자신의 부족함을 열등감으로 느끼며 스스로를 비난하기보다, 연약함으로 바라보며 품어주는 건 어떨까요. 그래서 당신의 마음이 편안해지기를 바랍니다. 당신이 편안해져야 부모로서의 부족함을 삶의 여백으로 여기고 자녀의 부족함에도 너그러울 수 있습니다.

이 책을 선택한 당신은 여기에 오기까지 많은 고통과 번민의 시간을 보냈을 줄 압니다. 그 아픔이 싫어서 회피하고 도망가고 싶은 마음이 얼마나 컸을지도 압니다. 그럼에도 용기 있게 자신을 들여다보고, 사랑으로 자녀에게 다가가려고 이 자리에 서 있습니다. 잘못이었던 부분을 먼저 인정하고, 자신을 변화시키기 위해 노력하려고요. 충분히 아파본 사춘기 자녀가 건강한 청년으로 성장하듯, 부모로서 성장통을 회피하지 않고 마주 보고 한 발씩 걸어가다 보면 분명 건강한 부모로서 우뚝 서는 날이 올 것입니다.

그러니 자녀의 문제 앞에서 부모 탓을 하며 자책하기보다 언제나 부모 자신을 돌아보는 시간을 가지고, 스스로 보살펴야 합니다. 나를 중심에 둔 부모가 되어야 합니다. 그늘진 부모의 얼굴은 자녀의 마음에도 그늘을 만듭니다. 어떤 순간에도 자신의 확실한 편이 되어주세요. 자녀와의 행복한 삶을 위해 언제나 자신을 먼저 희생하는 모든 부모에게 따뜻한 응원을 보냅니다.

2022. 9. 2 저자 이영민

부록

경험하기 활동

책에서 이야기한 내용들을 점검하고 실천해 볼 수 있는 「경험하기 활동」을 정리했습니다. 부모 자신을 돌아보는 자기 성찰의 시간을 갖는 데 도움이 될 것입니다. 질문에 솔직한 답을 적어가다 보면 내가 보이고, 자녀가 보이고, 부모-자녀 관계도 보일 것입니다. 부모는 부모답게, 자녀는 자녀답게 각자의 길에서 행복하게 지내는 지혜도 갖게 될 것입니다.

• 경험하기 활동 1 •

육아 번아웃 증후군 체크리스트

- ☐ 나는 부모로서의 책임에 부담을 느낀다.
- ☐ 나는 우울하고 불행하다.
- ☐ 나는 나 자신을 잘 돌보지 못하는 것 같다.
- ☐ 내 아이는 다루기가 매우 어렵다.
- ☐ 나는 아이들 양육 문제에 있어서 배우자와 이견이 많다.
- ☐ 나는 자주 '우리 아이가 집안의 골칫거리'라고 생각한다.
- ☐ 나는 건강하지 못하다.
- ☐ 나는 자주 '우리 아이를 통제할 수 없다'고 생각한다.
- ☐ 나는 우리 아이를 그다지 칭찬하지 않는다.
- ☐ 아이의 좋은 행동이 눈에 잘 들어오지 않는다.
- ☐ 아이를 칭찬하는 등 긍정적으로 반응하기보다는 부정적인 반응을 보일 때가 더 많다.
- ☐ 나는 최근 잠을 푹 자지 못한다.
- ☐ 나는 우리 아이가 너무나 다루기 어렵기 때문에 '네 마음대로 해'라고 할 때가 더 많다.
- ☐ 아이를 양육하는 데 있어 일관성이 없다.

- ☐ 나를 도와주고 이해해 주는 사람이 없다.
- ☐ 화가 나는 것을 참을 수가 없다.
- ☐ 나와 우리 아이는 정서적으로 별로 유대감을 느끼지 못한다.
- ☐ 나는 항상 뭔가를 해야 하기 때문에 아이에게 진정한 관심을 기울이지 못한다.
- ☐ 우리 가족은 '서로에게 도움이 되지 못하는 방식'으로 의사소통을 한다.
- ☐ 나는 분명한 규칙을 정해놓지 않았다.
- ☐ 우리 아이는 자기 성질을 이기지 못한다.
- ☐ 나는 아이에게 지나치게 화를 많이 낸다.
- ☐ 우리 아이는 제멋대로이다.
- ☐ 우리 집에는 일정하게 정해놓은 일과 시간이 없다.

결과 해석

- ■ 20개 이상 : 스트레스가 아주 심합니다. 전문가 상담을 통해 해결책을 찾아야 합니다.
- ■ 15개 이상 : 스트레스가 심한 편입니다. 적극적으로 스트레스를 해소하는 방법을 찾아야 합니다.
- ■ 10개 이하 : 스트레스가 보통 정도입니다. 올바른 양육 철학을 세우고 스스로 편안해지도록 노력합니다.

• 경험하기 활동 2 •

나의 마음과 대화하기(녹음하기)

마음의 고통은 관계의 고통에 비례합니다. 나를 둘러싼 관계가 내게 주는 괴로움을 오늘도 견디고 있는 나에게 깊은 대화를 건네보세요.
내 이름을 부르고 나를 다독이며 나에게 거는 이야기를 시작해보세요.
녹음한 후 다시 들어보세요.

• 경험하기 활동 3 •

부모 자존감 높이기 활동하기

❶ 자기 객관화하기

(1) 내가 보는 나

(2) 남이 보는 나

(3) 물리적인 나(외모, 건강, 체력, 재산 등)

(4) 심리적인 나(성격, 능력, 지식, 성적 등)

(5) 사회적인 나(가족, 친구, 친인척, 직업에서의 지위 등)

(6) 이상적인 나(내가 바라는 나)

---

(7) 의무적인 나(되어야만 하는 나)

---

(8) 가능한 나(이상적인 나와 의무적인 나, 현실의 나를 비교해서 가능한 나의 기준 다시 만들기)

---

❷ 나와 친밀해지기: 상처받은 나와 친밀감 회복을 위한 자존감 향상 방법(각 문장에 자신의 이름을 넣어 다시 적어보세요. 그리고 큰 소리로 말해보세요.)

(1) 나 만나기 결심하기

"○○를 돌보기로 마음먹었어. ○○를 위한 시간을 가질 거야."

(2) 나와 화해하기

"○○야, 내가 ~그랬구나. 많이 힘들었지?"

“○○를 너무 몰라줘서, 함부로 해서 미안해.”
“○○야, 다시 나랑 잘 지내보자!”

(3) 저항 다루기
“또다시 예전의 ○○의 모습이 떠올라서 힘들지?”
“○○ 만나기가 편하지 않을 때도 있어. 오늘은 잠깐만 만나자.”
“○○야, 너를 괴롭히는 속마음의 생각을 떨쳐버리자.”
“○○야, 네가 듣기 싫은 속마음의 비판자 목소리에게 ‘꺼져버려! 더 이상 그런 소리에 속지 않을 거야!’라고 외쳐봐.”

(4) 자기 인식 확장을 위한 자기 분석하기
“○○는 화나거나 불편할 때 나오는 나의 방어기제는 ~구나.”
“○○는 ~ 성격이구나.”
“○○의 신체, 감정, 생각, 행동은 서로 ~한 영향을 주는구나.”

(5) 훈습의 시간들
“○○는 연습하는 시간으로 ~가 필요해. 그 기간 동안 힘들어도 견뎌보자!”

(6) 일반화시키기

"○○야, △△(타인의 이름)과는 경계 정도가 몇 점이야."

회피 ←――――――――――――――――――――→ 접근

0 1 2 3 4 5 6 7 8 9 10

❸ 부모 효능감 점검하기

* 부모로서 자신의 양육 모습을 생각하면서 번호에 표기해 주세요.

번호	내용	전혀 그렇지 않다	조금 그렇지 않다	보통이다	조금 그렇다	아주 그렇다
1	나는 자녀가 무엇을 힘들어 하는지 잘 알고 있다.					
2	나는 나의 행동이 자녀에게 어떤 영향을 미치는지 잘 알고 있다.					
3	나는 자녀의 연령에서 여러 영역의 발달 내용을 이해하고 있다.					
4	나는 자녀가 내 뜻대로 잘 따라오지 않을 때 속상하지만, 꼭 내 잘못이라고 생각하지는 않는다.					

5	나는 자녀를 양육하고 돌보는 일을 잘하고 있다.					
6	나는 부모로서 이 정도면 충분히 건강한 부모라고 생각한다.					
7	나는 부모로서 자녀가 잘못했을 때 훈육하는 방법을 잘 알고 있다.					
8	나는 건강한 부모가 되기 위해 필요한 양육 지식과 방법을 알고, 배우려 노력한다.					
9	나는 부모로서 자녀와의 관계 문제가 생기면 잘 해결해 갈 수 있다.					
10	나는 부모로서 힘들 때 스트레스를 해결할 수 있는 나만의 방법을 알고, 해결해 가려고 노력한다.					

● 경험하기 활동 4 ●

자존감을 위한 마음 근육 만들기

나와 친해지는 시간을 가집니다. 나를 만나 이야기를 하세요. 나의 건강에 대해, 기분에 대해, 자주 떠오르거나 괴롭히는 생각 혹은 지적 활동에 대해, 가족과 그밖의 다른 사람들과의 관계에 대해 대화를 나눠보세요. 나와의 작은 대화를 통해 나에 대한 이해뿐만 아니라 자존감을 위한 마음 근육을 만드는 데도 도움이 됩니다.

❶ 신체

"오늘 컨디션은 괜찮았니? 혹시 아픈 데는 없고?"

❷ 감정

"오늘 기분은 어때? 그랬구나. ~하겠네."

❸ 사고

"무슨 생각으로 기분이 ~했어? 그 생각을 얼마나 많이 했지?"

"과연 내가 그렇게 생각하는 게 맞나? 달리 생각해 볼 방법은 없을까?”

❹ 관계

“오늘 관계가 좋았던 사람은? 나빴거나 불편했던 사람은?”

“어떤 부분이 좋았어? 불편하고 나쁜 사람과는 어떻게 대했어?”

❺ 행동

“오늘 내가 직접 행동으로 실천해 본 것은 무엇이지?”

• 경험하기 활동 5 •

나와 원가족 부모와의 관계 돌아보기

❶ 나의 부모는 다음 '왜곡된 거울이 되는 7가지 유형의 부모' 중 어떤 모습인가요? 그리고 나를 비춰준 속사람의 목소리는 무엇인가요?

(1) 부모가 바빠서 방치 또는 방임된 자녀
"난 사랑스럽지 않아."

(2) 부모와 접촉이 없거나 심리적으로 유기된 자녀
"난 가치 없는 존재야."

(3) 부모의 정서적 간섭을 많이 받은 자녀
"난 부모님이 없으면 아무것도 못해."

(4) 부모의 통제적이거나 폭군적인 모습을 경험한 자녀
"난 힘이 없어."

(5) 부모의 완벽하라는 요구와 잔소리에 시달린 자녀

"난 결코 잘할 수 없어."

(6) 부모의 비판과 비난을 받아온 자녀

"내 자신이 너무 부끄러워."

(7) 부모의 자아도취적인 모습을 보아온 자녀

"난 중요하지 않아."

❷ 나와 원가족 관계는 다음 중 어떤 모습인가요? 원가족 각 구성원을 생각하며 적어보세요.

융합　친밀　적당한 거리감　갈등　소원　단절

父(부) ________　母(모) ________

兄弟(형제) 1 ________　兄弟(형제) 2 ________　기타 ________

❸ 나의 관계에서의 문제는 다음 중 어떤 모습으로 나타나고 있나요?

(1) 회피　(2) 자기 방어　(3) 정서 및 욕구 억제

❹ 나와 원가족 부모의 관계 회복하기 4단계: 단계별로 나의 속 사람이 내게 하는 말을 적으면서 자기 대화 연습을 해보세요.

1단계 자기 수용하기: 내가 받은 상처와 부모에 대한 미움, 원망을 그대로 느껴주는 대화하기

2단계 관계 객관화하기: 부모와 나의 관계를 다시 보며 대화하기

3단계 공감하기: 부모의 입장 이해하는 대화하기

4단계 대처하기: 나의 자녀에게 해줄 수 있는 나만의 방법을 찾는 대화하기

• 경험하기 활동 6 •

나의 속사람과 좋은 관계 맺기

❶ 나의 속사람 마주 보기

(1) 가만히 눈을 감고 조용히 '내면의 나'를 떠올려보세요. 충분히 생각해 보고 떠오른 내 모습을 적어보세요. 내 모습은 어떤 모습인가요?

---

(2) 나의 속사람이 경험하고 있는 감정을 느낄 수 있나요? 그 감정을 수용해 주세요.

---

(3) 내 속사람이 나에게 하는 비판자 목소리는 무엇인가요?

---

❷ 나의 속사람 목소리에 귀 기울이기

(1) 오늘 나의 속사람은 건강한 비판자 목소리를 내었나요, 아니면 병적인 비판자 목소리를 내었나요?

---

(2) 병적인 비판자 목소리를 반박하는 나의 말(반박하는 속사람의 목소리)을 만들어보세요.

---

❸ 나의 속사람을 위로하기 위한 활동

(1) 나의 속사람에게 위로하는 말 걸기

---

(2) 나를 위로하는 행동하기

• 경험하기 활동 7 •

부모 효능감을 높이는 양육 전략 실천

❶ 내가 생각하는 '건강한 부모'는 어떤 모습인지 적어보세요

---

❷ 지피지기 백전백승 전략

(1) 자녀 관찰하기

① 언어적 표현

---

② 비언어적 표현

---

③ 몸의 신호와 외모 특성

---

④ 마음 건강: 기분과 표현 및 강도

----

(2) 자녀 욕구 이해하기

① 애정 욕구

내용 ------------------ 충족 정도 ------------------

② 인정 욕구

내용 ------------------ 충족 정도 ------------------

③ 의존 욕구

내용 ------------------ 충족 정도 ------------------

(3) 부모와 자녀의 성격 검사

① MBTI 검사

부모 ------------------ 자녀 ------------------

② U&I 검사

부모 ------------------ 자녀 ------------------

③ TCI 검사

부모 ______________________ 자녀 ______________________

④ 애니어그램

부모 ______________________ 자녀 ______________________

❸ '가랑비에 옷 젖다' 전략: 부모 역할 이해나 역량을 기르기 위해 찾아보고 배우는 정보 매체를 적고, 새롭게 깨달은 점을 적어 실천해 보세요.

정보 매체	배운 점

❹ 육라벨 전략: 부모인 나 자신을 위한 시간을 얻는 방법을 계획해 보세요.

(1) 나의 개인 시간

____

(2) 쉼의 방식(스트레스 해소 방법)

① 정서적 해소 방법

② 문제해결 방법

(3) 독립의 시간 준비

① 자녀를 위한 경제적 지원 마감 시기

② 나를 위한 비용 마련 방법

③ 잘하는 영역

④ 좋아하는 영역

⑤ 배우고 싶은 영역

⑥ 지금 당장 할 수 있는 영역

❺ 공동 양육 전략

(1) 부부의 양육 영역 중 주도적 영역 나누기

① 부(父)

② 모(母)

(2) 격려하기

① 부(父)를 격려하는 말

② 모(母)를 격려하는 말

(3) 양육 태도 점검하기

① 부(父)

② 모(母)

(4) 양육 태도의 차이를 다루는 방법

❻ 적절한 시점 전략

(1) 부모인 나는 자녀의 발달 단계에 맞춰서 돕고 있나요? 부모가 너무 앞서나요, 아니면 뒤처지나요?

(2) 자녀의 발달 곡선은 지금 성장 방향인가요, 퇴행 방향인가요?

---

(3) 다음은 전문가에게 자녀의 문제를 점검해야 하는 타이밍입니다. 나의 자녀는 어떠한가요?

- 자녀의 문제가 계속 반복될 때
- 부모가 불안할 때
- 자녀가 상급학교로 진학할 때
- 사춘기가 다가올 때
- 자녀가 진로 문제로 고민할 때

---

(4) 나의 타이밍 전략을 방해하는 것은 무엇인가요?

① 아이 기질

---

② 부모의 불안함

---

③ 기타

❼ 밀당 전략

1단계 헤아리기: 자녀의 마음 읽기

2단계 달래기: 부정적 마음 들어주기

3단계 단호하기

① 수용할 것

② 수용할 수 없는 것

4단계 적정 기대하기: 외부 세계로의 도전

❽ 훈육 전략: 각각의 규율을 배워야 하는 자녀의 일상생활 내용 적기

(1) 자녀의 소유욕 인정하기

(2) 내 것과 네 것 구별하기

(3) 공평하게 나누기

(4) 규칙 충분히 이해시키기

(5) 훈육 시 웃거나 안아주지 않기

(6) 훈육 후 안아주기

---

(7) 형제 갈등 시 분리 훈육하기

---

(8) 기타 자녀를 위한 훈육 전략

---

❾ 견디기 전략

(1) 자녀 양육에서 견디는 영역은 무엇인가요?

---

(2) 나만의 견디기 방법은 무엇인가요?

---

(3) 부모로서 견디기(버티기)가 힘든 이유는 무엇인가요?

---

(4) 사춘기 자녀의 견디기(버티기) 점검해 보기

① 사춘기 자녀 언행 견디기

---

② 사춘기 자녀 감정 견디기

---

③ 사춘기 자녀 형제 갈등 견디기

---

④ 사춘기 자녀 학업 견디기

---

⑤ 기타 영역 견디기

---

⑩ 협상 전략

(1) 부모로서 자녀에게 잘 맞춰주고 있나요?

(2) 나는 맞춰주기가 어떠한가요?

(3) 문제해결 전략

① 무엇이 문제인가요?

② 해결할 방법은 무엇이 있나요?

③ 선택한 방법대로 실행해 보세요.

④ 실행한 결과를 평가해 보세요.

• 경험하기 활동 8 •

습관적인 양육 태도 바꾸기

❶단계 도망가지 않기: 자녀와의 관계에서 어려운 점 바라보기

나는 자녀의 어떤 행동이나 말이 괴로운가요?

---

❷단계 감정 인정하기: 자녀 앞에서 느껴지는 감정에 머무르기

나는 그런 자녀를 볼 때마다 어떤 기분이 드나요?

---

❸단계 인식하기: 나의 부모가 내게 해주었던 점을 알아차리기

나의 부모가 어릴 때 이렇게 해주었으면 하고 바랐던 점은 무엇인가요?

---

❹단계 도움받기: 극복하기 위한 구체적인 방법 배우기

나에게 부족한 점이 무엇인지를 알게 되었나요? 그렇다면 그런

부족한 부분을 어떻게 해결할 수 있는지 방법을 생각해 보세요.

---

❺단계 실행하기: 배운 대로 실천하기

내가 찾은 방법이나 다른 사람의 도움으로 알게 된 것에 대한 실천 계획을 세워보세요.

---

❻단계 평가하기: 실천한 결과 점검하기

실천한 결과가 어떠했나요? 만족스러운 점과 수정이 필요한 점이 있다면 적어보세요.

● 경험하기 활동 9 ●

나만의 육아 브랜드 만들기

❶ 부모 양육철학 세우기

나는 ______________________________ 부모가 되겠다.

나의 자녀가 ______________________________ 되길 바란다.

❷ 부모 협력 양육 방법 세우기

나와 배우자는 다음과 같이 협력 양육할 것을 약속한다.

(1) 주도적 영역 정하기

____

(2) 양육 방식이 다를 때

____

❸ 자녀와 신뢰 및 애정 증진을 위한 활동 정하기

(1) 나의 자녀가 원하는 주중 활동

---

(2) 나의 자녀가 원하는 주말 활동

---

(3) 나의 자녀가 원하는 애정 표현(언어 표현, 스킨십)

---

❹ 자녀를 훈육하는 방법

(1) 나의 자녀에게 반드시 피해야 할 것

---

(2) 나의 자녀를 위해 반드시 가르쳐야 할 것

---

❺ 자녀와의 갈등 해결하는 방법

(1) 나의 자녀와의 갈등 영역

---

(2) 나의 자녀와의 갈등에 대처하는 방법

---

(3) 갈등 해결에 도움이 되지 않는다면 다른 방법 생각해 보기

---

❻ 자녀의 발달 돕기

(1) 나의 자녀의 신체 발달을 돕기 위한 내용

---

(2) 나의 자녀의 정서 발달을 돕기 위한 내용

---

(3) 나의 자녀의 언어 발달을 돕기 위한 내용

(4) 나의 자녀의 인지 발달을 돕기 위한 내용

(5) 나의 자녀의 사회성 발달을 돕기 위한 내용

❼ 자녀의 인성교육

(1) 삶의 가치 가르치기

(2) 예의범절 가르치기

(3) 공공 규칙 가르치기

❽교육철학 세우기

(1) 내가 생각하는 공부란

(2) 나의 자녀의 기질이나 성향에 따른 교육법 찾기

(3) 나의 자녀를 위한 교육 지원 기간 예상하기&계획하기

(4) 나의 자녀를 위한 교육 비용 예상하기&준비 방법 계획하기

(5) 나의 자녀의 학업을 위해 부모가 도와줄 수 있는 구체적 방법

⑨ 자녀의 사춘기 준비하기

(1) 사춘기 자녀의 특징에 대해 공부하기&특징 정리하기

---

(2) 사춘기 자녀의 부모 역할 및 태도

---

(3) 자녀가 사춘기가 되면 나는 자녀를 어떻게 대할 것인가?

---

⑩ 진로 및 상급학교 진학을 위한 협조

(1) 나의 자녀의 성향, 흥미(좋아하는 것), 강점(잘하는 것), 실제 수행(성적 등)을 확인하기

① 성향(성격)

---

② 흥미 영역

③ 강점 영역

④ 실제 수행

(2) 나의 자녀에게 맞는 학교와 진학 방법 연구하기

(3) 나의 자녀가 꿈꾸는 직업은?

(4) 자녀 세대에 요구되는 다양한 직업에 대한 정보 찾기

(5) 나의 자녀를 돕는 외부 인력 및 멘토 찾기

⓫ 자녀 홀로서기: 부모의 지원 시간 정하기

(1) 나의 자녀의 독립 시기 정하기&알리기

(2) 나의 자녀의 독립을 위한 비용 준비하기

(3) 자녀의 독립 이후 부모의 생활을 계획하기

⓬ 기타 나만의 양육 방법

나를 돌보는 게 서툰 부모를 위한

부모 마음 상담소

초판 1쇄 발행 | 2022년 9월 26일
초판 3쇄 발행 | 2025년 1월 10일

지은이 | 이영민
펴낸이 | 김현숙 김현정
디자인 | 디자인 봄바람

펴낸곳 | 공명
출판등록 | 2011년 10월 4일 제25100-2012-000039호
주소 | 02057 서울시 중랑구 용마산로636. 베네스트로프트 102동 601호
전화 | 02-432-5333 | **팩스** 02-6007-9858
이메일 | gongmyoung@hanmail.net
블로그 | http://blog.naver.com/gongmyoung1
ISBN | 978-89-97870-68-4(03590)